Library of Western Classical Architectural Theory

西方建筑理论经典文库

古典建筑的柱式规制

[法] 克洛德·佩罗 著

包志禹 译

王贵祥 校

Library of Western Classical Architectural Theory

西方建筑理论经典文库

古典建筑
的柱式规制

［法］克洛德·佩罗 著

包志禹 译

王贵祥 校

中国建筑工业出版社

图书在版编目（CIP）数据

古典建筑的柱式规制/（法）佩罗著；包志禹译.—北京:中国建筑工业出版社, 2014.6
（西方建筑理论经典文库）
ISBN 978-7-112-16538-4

Ⅰ.①古… Ⅱ.①佩…②包… Ⅲ.①古建筑-建筑理论 Ⅳ.①TU-0

中国版本图书馆CIP数据核字（2014）第045233号

Every effort has been made to contact all the copyright holders of material included in the
book. If any material has been included without permission, the publishers offer their apologies.
We would welcome correspondence from those individuals/companies whom we have been unable
to trace and will be happy to make acknowledgement in any future edition of the book.

Ordonnance des cinq espèces de colonnes selon la méthode desanciens/Claude Perrault, Paris, 1683

Chinese Translation Copyright © 2016 China Architecture & Building Press

丛书策划

清华大学建筑学院　吴良镛　王贵祥
中国建筑工业出版社　张惠珍　董苏华

责任编辑：董苏华
责任设计：陈　旭　付金红
责任校对：李欣慰　党　蕾

西方建筑理论经典文库
古典建筑的柱式规制
[法]克洛德·佩罗　著
　　　　包志禹　译
　　　　王贵祥　校
*
中国建筑工业出版社出版、发行（北京西郊百万庄）
各地新华书店、建筑书店经销
北京嘉泰利德公司制版
北京顺诚彩色印刷有限公司印刷
*
开本：787×1092毫米　1/16　印张：13　字数：268千字
2016年5月第一版　2016年5月第一次印刷
定价：56.00元
ISBN 978-7-112-16538-4
　（25249）

目录

克洛德·佩罗

中文版总序

"西方建筑理论经典文库"系列丛书在中国建筑工业出版社的大力支持下，经过诸位译者的努力，终于开始陆续问世了，这应该是建筑界的一件盛事，我由衷地为此感到高兴。

建筑学是一门古老的学问，建筑理论发展的起始时间也是久远的，一般认为，最早的建筑理论著作是公元前 1 世纪古罗马建筑师维特鲁威的《建筑十书》。自维特鲁威始，到今天已经有 2000 多年的历史了。近代、现代与当代中国建筑的发展过程，无论我们承认与否，实际上是一个由最初的"西风东渐"，到逐渐地与主流的西方现代建筑发展趋势相交汇、相合流的过程。这就要求我们在认真地学习、整理、提炼我们中国自己传统建筑的历史与思想的基础之上，也需要去学习与了解西方建筑理论与实践的发展历史，以完善我们的知识体系。从维特鲁威算起，西方建筑走过了 2000 年，西方建筑理论的文本著述也经历了 2000 年。特别是文艺复兴之后的 500 年，既是西方建筑的一个重要的发展时期，也是西方建筑理论著述十分活跃的时期。从 15 世纪至 20 世纪，出现了一系列重要的建筑理论著作，这其中既包括 15 至 16 世纪文艺复兴时期意大利的一些建筑理论的奠基者，如阿尔伯蒂、菲拉雷特、帕拉第奥，也包括 17 世纪启蒙运动以来的一些重要建筑理论家和 18 至 19 世纪工业革命以来的一些在理论上颇有建树的学者，如意大利的塞利奥；法国的洛吉耶、布隆代尔、佩罗、维奥莱 – 勒 – 迪克；德国的森佩尔、申克尔；英国的沃顿、普金、拉斯金，以及 20 世纪初的路斯、沙利文、赖特、勒·柯布西耶等。可以说，西方建筑的历史就是伴随着这些建筑理论学者的名字和他们的论著，一步一步地走过来的。

在中国，这些西方著名建筑理论家的著述，虽然在有关西方建筑史的一般性著作中偶有提及，但却多是一些只言片语。在很长一个时期中，中国的建筑师与大学建筑系的教师与学生们，若希望了解那些在建筑史的阅读中时常会遇到的理论学者的著作及其理论，大约只能求助于外文文本。而外文阅读，并不是每一个人都能够轻松胜任的。何况作为一个学科，或一门学问，其理论发展过程中的重要原典性历史文本，是这门学科发展历史上的精髓所在。所以，一些具有较高理论层位的经典学科，对于自己学科发展史上的重要理论著作，不论其原来是什么语种的文本，都是一定要译成中文，以作为中国学界在这一学科领域的背景知识与理论基础的。比如，哲学史、美学史、艺术哲学，或一般哲学社会科学史上西方一些著名学者的著述，几乎都有系统的中文译本。其他一些学科领域，也各有自己学科史上的重要理论文本的引进与译介。相比较起来，建筑学科的经典性历史文本，特别是建筑理论史上一些具有里程碑意义的重要著述，至今还没有完整而系统的中文译本，这对于中国建筑教育界、建筑理论界与建筑创作界，无疑是一件憾事。

在几年前的一篇文章中，我特别谈到了建筑创作要"回归基本原理"（Back to the basic）的概念，这是一位西方当代建筑理论学者的观点。对于这一观点我是持赞成态度的。那么，什么是建筑的基本原理？怎样才能够理解和把握这些基本原理？如何将这些基本原理应用或贯穿于我们当前的建筑思维或建筑创作之中呢？要了解并做到这一点，尽管有这样或那样的可能途径，但其中一个重要的途径，就是要系统地阅读西方建筑史上一些著名建筑理论学者与建筑师的理论原著。从这些奠基性和经典性的理论著述中，结合其所处时代的建筑发展历史背景，去理解建筑的本义，建筑创作的原则，建筑理论争辩的要点等等，从而深化我们自己对于当代建筑的深入思考。正是为了满足中国建筑教育、建筑历史与理论，以及建筑创作领域对西方建筑理论经典文本的这一基本需求，我们才特别精选了这一套书籍，以清华大学建筑学院的教师为主体，进行了系统的翻译研究工作。

当然，这不是一个简单的文字翻译。因为这些重要理论典籍距离我们无论在时间上还是在空间上，都十分遥远，尤其是普通读者，对于这些理论著作中所涉及的许多西方历史与文化上的背景性知识知之不多，这就需要我们的译者，在准确、清晰的文字翻译工作之外，还要格外地花大气力，对于文本中出现的每一位历史人物、历史地点及历史建筑等相关的背景性知识逐一地进行追索，并尽可能地为这些人名、地名与事件加以注释，以方便读者的阅读。这就是我们这套书除了原有的英文版尾注之外，还需要大量由中译者添加的脚注的原因所在。而这也从另外一个侧面，增加了本书的学术深度与阅读上的知识关联度。相信面对这套书，无论是一位希望加强自己理论素养的建筑师，或建筑学子，还是一位希望在西方历史与文化方面寻求学术营养的普通读者，都会产生极其浓厚的阅读兴趣。

中国建筑的发展经历了 30 年的建设高潮时期，改革开放的大潮，催生出了中国历史上前所未有的建造力，全国各地都出现了蓬蓬勃勃的建设景观。这样伟大的时代，这样宏伟的建造场景，既令我们兴奋不已，也常常使我们惴惴不安。一方面是新的城市与建筑如雨后春笋般每日每时地破土而出，另外一个方面，却也令我们看到了建设过程中的种种不尽如人意之处，如对土地无节制的侵夺，城市、建筑与环境之间矛盾的日益突出，大量平庸甚至丑陋建筑的不断冒出，建筑耗能问题的日益尖锐，如此等等。

与建筑师关联比较密切的是建筑创作问题，就建筑创作而言，一个突出的问题是，一些投资人与建筑师满足于对既有建筑作品的模仿与重复，按照建筑画册的样式去要求或限定建筑师的创作。这样做的结果是，街头到处充斥的都是似曾相识的建筑形象，更有甚者，不惜花费重金去直接模仿欧美19世纪折中主义的所谓"欧陆风"式的建筑式样。这不仅反映了我们的一些建筑师在建筑创作上缺乏创新，尤其是缺乏对中国本土文化充分认知与思考基础上的创新，这也在一定程度上反映了，在这个大规模建造的时代，我们的建筑师在建筑文化的创造上，反而显得有点贫乏与无奈的矛盾。说到底，其中的原因之一，恐怕还是我们的许多建筑师，缺乏足够的理论素养。

当然，建筑理论并不是某个可以放之四海而皆准的简单公式，也不是一个可以包治百病的万能剂，建筑创作并不直接地依赖某位建筑理论家的任何理论界说。何况，这里所译介的理论著述，都是西方建筑发展史中既有的历史文本，其中也鲜有任何直接针对我们现实创作问题的理论阐释。因此，对于这些理论经典的阅读，就如同对于哲学史、艺术史上经典著作的阅读一样，是一个历史思想的重温过程，是一个理论营养的汲取过程，也是一个在阅读中对现实可能遇到的问题加以深入思考的过程。这或许就是我们的孔老夫子所说的"温故而知新"的道理所在吧。

中国人习惯说的一句话是"开卷有益"，也有一说是"读万卷书，行万里路"。现在的资讯发达了，人们每日面对的文本信息与电子信息，已呈爆炸的趋势。因而，阅读就要有所选择。作为一位建筑工作者，无论是从事建筑理论、建筑教育，或是从事建筑历史、建筑创作的人士，大约都在"建筑学"这样一个学科范畴之下，对于自己专业发展历史上的这些经典文本，在杂乱纷繁的现实生活与工作之余，挤出一点时间加以细细地研读，在阅读的愉悦中，回味一下自己走过的建筑之路，静下心来思考一些问题，无疑是大有裨益的。

吴良镛

中国科学院院士
中国工程院院士
清华大学建筑学院教授
2011 年度国家最高科学技术奖获得者

致　谢

　　佩罗的《古代方法之后的五种柱式规制》（*Ordonnance des cinq espèces de colonnes selon la méthode des anciens*）的英文版是我和译者 Indra Kagis McEwen 之间亲密合作的结晶（本书中文版书名《古典建筑的柱式规制》——编者注）。本书的导言部分是建立在拙著《建筑学与现代科学之转折》（*Architecture and the Crisis of Modern Science*，MIT Press，1983）基础上的。我对于佩罗的理解，经受了学生们的挑战，并且随着麦吉尔大学（McGill University）研究生参与的建筑历史系列研讨课而日臻丰满。

　　多家图书馆的馆员为这本书的酝酿筹划提供了帮助，尤其是麦吉尔大学和蒙特利尔的加拿大建筑学中心。最初的导言编辑，获得了 Helmut Klassen 许多极其有益的帮助，他是一位建筑师，也是麦吉尔大学建筑历史与理论方向的硕士研究生。后来，Robin Middleton 仔细地编校了内容文本，Harry Mallgrave 提出了很多重要的意见和建议。Tom Repensek 负责了尾校，Joan Ockman 则又编辑了导言部分。他们两人都做了极好的工作，却也不可避免地给我们增添了许多麻烦。我还要感谢 Lynne Kostman，他仔细缜密地把书编排成一个整体。

　　最后，但不是最无足轻重的是，十分感激 Susie Spurdens 帮助我誊清手稿，并改正其中的几个错误。译者需要特别致谢的是蒙特利尔大学规划系设法获得了 1683 年这个译本的授权。

阿尔贝托·佩雷 – 戈梅（Alberto Pérez-Gómez）

图1　卷首插画展示了佩罗的三个设计：

左侧，圣安托万区（Porte Saint-Antoine）凯旋门（参见图6）；

后面，卢浮宫的东立面柱廊（参见图4、图5）；

远山，天文台，引自维特鲁威，《维特鲁威的建筑十书》（Les dix livres d'architecture de Vitruve，巴黎：Jean Baptiste Coignard，1673 年）

（洛杉矶）圣莫尼卡（Santa Monica），盖蒂中心人文与艺术历史研究部提供

导　言

阿尔贝托·佩雷－戈梅

（Alberto Pérez-Gómez）

　　300 多年前，克洛德·佩罗（Claude Perrault）着手对维特鲁威的《建筑十书》进行学术性翻译和评注。由他在 1673 年和 1684 年精心翻译的版本，迄今依然是那本经典的罗马著作的"标准"法文译本（图 1）。[1] 他对建筑思想领域的第二个伟大贡献是其于 1683 年出版的《古代方法之后的五种柱式规制》①（*Ordonnance des cinq espèces de colonnes selon la méthode des anciens*）[2]，这本书是作为他对其最初努力的一个补充而加以构思的。推动佩罗这两项工作的那些外部条件，根植于 17 世纪晚期，已经离我们现在很遥远，但却表现出了与我们当下所处的十分相似的情境。

　　佩罗所关心的不啻为一种新的建筑理论的定义和实践，这一理论对从维特鲁威到 17 世纪中叶出现在建筑学论著中的话语特征构成了挑战。众所周知，这一学科在文艺复兴时期已经被"擢升"到文学的——抑或是"数学"的——艺术范畴。[3] 与他们中世纪的前辈们不同，文艺复兴时代建筑师的目标是如何把握建筑工程的外部轮廓（*lineamenti*）或整体的几何形体的观念。于是，建筑学被赠予了一种特别的理论，然而，这不过是一种在现代意义的努力下尚不那么专业的理论。这一理论是建立在一个对事实带有武断理解的基础之上的话语世界中的，这个话语体系源自神话与哲学，如果脱离了人们对于文艺复兴时代从古代社会承袭而来的分等级的现存世界［活的现实（physis）］②的传统理解，这种理论的内容就是毫无意义的。[4] 这种理论完成了对已经在现实世界之中清晰地体现出来的宇宙秩序和意义加以阐明的重要使命。佩罗所关注的是将在欧洲设计（*disegno*，

[1]

---

① 本书中文版书名《古典建筑的柱式规制》。——编者注
② 活的现实（physis），希腊文，勃发或显现中的自然。——译者注

14

作为一门文学艺术的设计）传统中已经根深蒂固的建筑学，放进由伽利略和笛卡儿所开创的新科学思想的框架里面。为了将自己的努力建立在坚实的基础之上，他认为有必要对现存最古老的建筑学著作正本清源。他确信，通过在接近这一学科源头的地方，对这一著作进行严格的学术性探究，能够揭示出他所处的那个时代，在理解建筑学理论的本质时所出现的种种荒谬与误解。

[3]　　　如果说，佩罗的《古代方法之后的五种柱式规制》一书，堪称最早的彻底运用现代科学理论对传统建筑学问题进行的再造，那么这本著作的失败之处，依我看来，也就源于它最初已经呈现的复杂和矛盾之中。我希望能够在这篇导言里就这些问题加以阐明。正是这样一个在某一思想转折时刻对于建筑理论的重塑任务，使得我们与佩罗在一定程度上找到了相近的关注点，尽管我们并不处于现代的开始阶段，而是现代的行将结束的阶段。佩罗在17世纪晚期提出他的"现代"理论立场时，需要与将理论作为一种"形而上学"来理解的通行做法进行斗争。而后者正是他的著名论敌弗朗索瓦·布隆代尔（François Blondel）所持的立场，颇具意味的是，佩罗的大部分后继者秉持的也是这种观点，而在佩罗的著作之后数百年里撰写建筑理论的，正是这些受到更多传统思维支配的人。

　　如今，当重新定义建筑学本质的必要性又出现在我们面前时，我们必须挑战的正是佩罗对于理论的理解：如今，正是在他所理解的建筑理论中，建筑之产生的理性法则似乎显得是不言而喻的，正像布隆代尔在他的那个时代所做的那样。在我们当今的学校与建筑师事务所中，关于理论问题的一个基本假设就是它应该具有（或一定要具有）应用科学的、技术的或实用性的特征。[5]建筑师和建筑教育家倾向于相信理论应该总是具有这样的特征，从而忽视了它在整个历史进程中对于实践的具有特殊意义的阐释作用。在《规制》一书中，佩罗十分清楚，他的观点会在读者面前显得"自相矛盾"，（按照 17 世纪法语的用法）这一点则意味着"非正统"（unorthodox）。正是在这种意义上，从当今理论与实践的角度来看，现在的一些观察可能会被看作是荒谬的。

　　实际上，我们对于"古典主义"和"风格"那些俯拾皆是的种种误解，甚至于那些有关建筑作为历史现象的真正本质的种种误会，都可以通过正确地把握佩罗的理论来加以澄清。而至今，还没有一部缜密的、学术性的有关《古代方法之后的五种柱式规制》英文译本。最早的只是简单地以《论建筑五柱式》（*A Treatise of the Five Orders of Columns in Architecture*）为书名的那个英文译本，是 1708 年和 1722 年[6]于伦敦出版的。这使得这本《古代方法之后的五种柱式规制》的书看起来好像是另外一本有关古典柱式之比例方面的著作，完全无法对其理论观点作出判断。此外，最早的那个英文版本的首页十分吸引人，却与原始文本的基本含义相左；它对建筑创作所作的表述，似乎仍然是以文艺复兴的传统为基础的，那就好像是一种能够实现其对于重力的诗一般的控制的准神秘的行为（图 2）。

　　无论怎么说，直到 19 世纪初，让－尼古拉－路易·迪朗（Jean-Nicolas-Louis Durand）在建筑理论方面支持和推进科学的观点之前，佩罗之立场的深远意蕴都没能被完整地得到把握——而且，当然也没有被接受下来。在工业革命之后现代科学大获成功，以及迪朗将其在建筑学方面的理论设想加以规范的情境之下，以及当佩罗和布隆代尔之间的那场古老争论已经被认为毫无意义的时候，为《古代

[4]

[2]

A TREATISE of the
FIVE ORDERS of COLUMNS
IN
ARCHITECTURE,
VIZ.
Toscan, Doric, Ionic, Corinthian and Composite.
WHEREIN
The Proportions and Characters of the Members
Of their several
PEDESTALS, COLUMNS and ENTABLATURES,
Are distinctly consider'd, with respect to the Practice of the
Antients and Moderns.
ALSO
A most Natural, Easie and Practicable Method laid down, for determining
the most minute Part in all the Orders, without a Fraction.
To which is Annex'd,
A DISCOURSE concerning PILASTERS:
AND OF SEVERAL
ABUSES introduc'd into ARCHITECTURE.
Engraven on Six Folio Plates of the several Orders, adorn'd with Twenty-Four
Borders, as many Initial Letters, and a like number of Tail-Pieces, by
John Sturt.

Written in French by
Claude Perrault,
Of the ROYAL ACADEMY of PARIS, Author of ye Celebrated
COMMENT ON VITRUVIUS.

Made English by John James of Greenwich.

LONDON:
PRINTED by Benj. Motte, M DCC VIII.
Sold by John Sturt in Golden-Lion-Court
in Alderfgate Street.

图2　扉页。引自佩罗，《论建筑五柱式》（A treatise of the Five Orders of Columns in Architecture），John James 翻译（伦敦：J. Sturt，1708 年）

圣莫尼卡，盖蒂中心人文与艺术历史研究部提供

方法之后的五种柱式规制》完成一个新的译本已经变得了然无趣。近些年来，沃尔夫冈·赫尔曼（Wolfgang Herrmann），约瑟夫·里克沃特（Joseph Rykwert）和安托万·毕康（Antoine Picon）[7]有关佩罗的研究，围绕这一早期现代建筑理论若干方面的问题，带来了一些新的契机。然而它所带来的问题是如此复杂，以至于对于其原始材料的研究变得极其重要了。

克洛德·佩罗于 1613 年 9 月 25 日出生于巴黎；他也是在巴黎去世的，那是在 1688 年 10 月 9 日，他在解剖一头骆驼时受到了感染。他成为创立最早的现代建筑理论的领军人物。作为皇家科学院（Académie Royale des Sciences）的一名成员，以及皇家建筑学会（Académie Royale d'Architecture）的一位常客，佩罗接受的是医生专业方面的训练，并且在生物学研究方面花费了他大部分的时间。除了自己的科学兴趣以及他的本行工作之外，他还常常和自己四个兄弟中的两个一起合作，他们的工作对于佩罗自身作品的现代性是一种加强。他们中的一位是夏尔·佩罗（Charles Perrault）①，他是著名的童话故事作家，也是那本《古典人与现代人之争》（*querelle des anciens et des modernes*）一书中的现代人的辩护者（图 3）；另外一位则是尼古拉·佩罗（Nicolas Perrault），一位物理学家，他对笛卡儿的宇宙机械论理解有进一步的发展。佩罗兄弟在路易十四（Louis XIV）统治时期的知识阶层中有着令人瞩目的地位。正是透过夏尔对于让－巴蒂斯特·科尔贝（Jean-Baptiste Colbert）②的影响，克洛德·佩

［5］

---

① 夏尔·佩罗，1628—1703 年。——译者注

② 让－巴蒂斯特·科尔贝：1619—1683 年，法国政治家，路易十四的顾问；改革税制，统一行政权并致力于修建道路、运河以鼓励贸易。——译者注

[4]

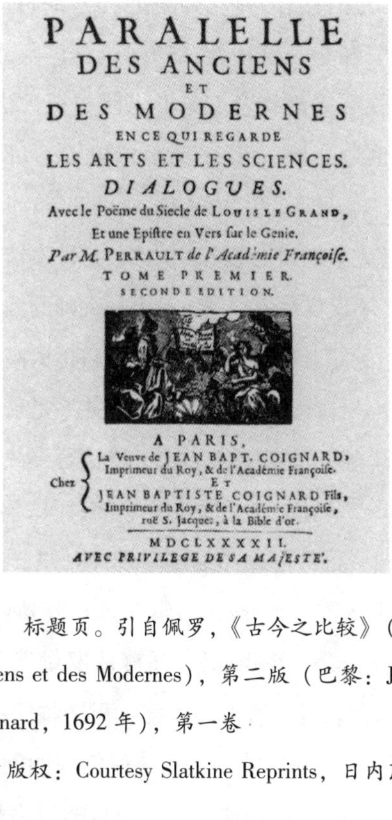

PARALELLE
DES ANCIENS
ET
DES MODERNES
EN CE QUI REGARDE
LES ARTS ET LES SCIENCES.
DIALOGUES.
Avec le Poëme du Siecle de LOUIS LE GRAND,
Et une Epistre en Vers sur le Genie.
Par M. PERRAULT *de l'Academie Françoise.*
TOME PREMIER.
SECONDE EDITION.

A PARIS,
Chez La Veuve de JEAN BAPT. COIGNARD, Imprimeur du Roy, & de l'Académie Françoise.
ET
JEAN BAPTISTE COIGNARD Fils, Imprimeur du Roy, & de l'Académie Françoise, ruë S. Jacques, à la Bible d'or.
MDCLXXXXII.
AVEC PRIVILEGE DE SA MAJESTE'.

图 3　标题页。引自佩罗，《古今之比较》（Parallèle des Anciens et des Modernes），第二版（巴黎：Jean Baptiste Coignard，1692 年），第一卷

图片版权：Courtesy Slatkine Reprints，日内瓦

罗的建筑活动才得以深入。

正如我在其他地方曾经强调的那样[8]，佩罗的这种“跨学科性”关注并不是独一无二的，在法国大革命之前的所有伟大建筑思想家中，这是一种司空见惯的情形，而不是什么例外。自从古典主义的古代以来，医学与建筑学之间的相互联系就是一件不言而喻的事情。这其中包含了微观世界秩序与宏观世界秩序之间，以及维护每个人的健康和福祉，甚至与通过为物理的大地进行“度量”从而为人类

的躯壳提供某种和谐居所的使命方面的联系。在文艺复兴时期，这种联系使得建筑师把自己的建筑构思进行"剖析"（cuts，即平面、剖面和立面）或者投影。这种新式的建筑学，由此便与现代解剖学和新兴的对于透视的兴趣结合起来，当时透视被当作一种对外观世界的数学深度的度量工具。

佩罗作为建筑师声誉鹊起是在伯尔尼尼（Giovanni Lorenzo Bernini）的卢浮宫东翼设计方案遭到拒绝之后的事。这件事情是一系列复杂外部情况的最终结果，不仅仅是由于这位意大利大师的傲慢以及他与科尔贝的不合；还因为他所提出的方案造价昂贵和目标太高，而且又没能与卢浮宫的现有部分相融合；此外，作为最后但并不是最次要的因素，就是夏尔·佩罗在宫廷里的重要政治影响力。克洛德·佩罗作为一个包括了路易·勒沃（Louis Le Vau）① 和夏尔·勒布兰（Charles Le Brun）② 的小型委员会的成员，最终受命担纲这个设计。佩罗去世几年之后，另一位他在《古今之比较》（*Parallèle des Anciens et des Modernes*）一书中的宿敌尼古拉·布瓦洛（Boileau），质疑佩罗对于东立面柱廊的原创权，声称那是勒沃的设计。后来，尽管布瓦洛收回所说的话，但特别是由于缺乏图纸和档案等形式的证据，原创权的问题始终没有解决。但不管怎样，在佩罗的理论和他对这个项目的讨论基础之上，卢浮宫东立面的构思，大体上的确像是从佩罗对建筑学极其现代和独创的理解中创作出来的。以其两个一组的柱子和宽敞、优雅的柱间比例，卢浮宫东立面被佩罗同时代的人看作是一部有争议的作品，而且，它对 ［7］ 下一个世纪艺术鉴赏力的形成也产生了很大的影响（图4、图5）。

---

① 路易·勒沃，1612—1670 年，法国巴洛克建筑师，曾参与卢浮宫和凡尔赛宫的设计。——译者注
② 夏尔·勒布兰，1619—1690 年，法国画家、理论家，路易十四时代的艺术家。——译者注

图4　佚名，卢浮宫东侧柱廊，约 1800 年

图片版权：Courtesy Photographie Bulloz

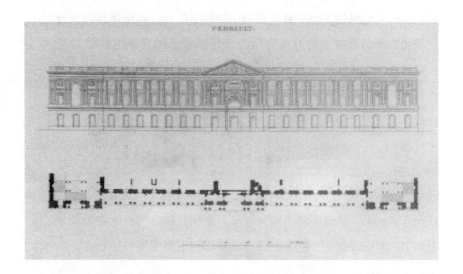

图5　卢浮宫东侧柱廊正立面与平面

引自德·昆西（Antoine-Chrysostome Quatremère de Quincy），《著名建筑师的生平与作品》（*Histoire de la vie et des ouvrages des plus célèbres architectes*），巴黎：Jules Renouard，1830 年，第 2 卷：207 页。

圣莫尼卡，盖蒂中心人文与艺术历史研究部提供

除了这个柱廊以外，佩罗也因其他几个建筑项目的设计而为人所知。1667 年，科尔贝委任他设计巴黎的天文台，建于城市南边，选址离恩泽谷教堂（Val-de-Grâce）不远，正是皇家科学院的所在地。这个项目给了佩罗将其一生的两大兴趣——科学和建筑学结合起来的机会。从形式上看，这座建筑是一个简单的立方体，他在上面加了 3 个八角楼：两个在南立面的角部，另一个在北立面的中间。这座实际上几乎是没有装饰的建筑物，给人的感觉是作为一台科学仪器来设计的，作为一座结构物，它的唯一目标就是充分地容纳所有的测量仪器和天文观测设施。这座建筑既恪守了最优秀的法兰西传统，同时也保持了佩罗对于建筑学的科学理解，这座建筑物的特色是由它那精确施工的石造穹隆和雄伟的楼梯的充满立体感的艺术效果所决定的。 [8]

　　佩罗也负责设计了献给路易十四的位于圣安托万区的凯旋门；1669 年，在经过与勒沃和勒布兰的竞赛之后，他的设计被科尔贝选中（图 6）。尽管这座建筑物的大小尺寸非同寻常，科尔贝却决定用 1∶1 的比例先做一个模型。在建筑师达尼埃尔·吉塔尔（Daniel Gittard）① 的精心实施下，1670 年 4 月，当国王亲临现场的时候，建筑已经几近竣工。尽管路易十四对它印象颇佳，却对门洞宽度的问题提出了一些保留意见。随后的 13 年里，工程进展缓慢。1683 年，科尔贝去世的时候，由于争论对项目的干扰，施工进度只达到了石头基座的高度。1685 年，皇家科学院就这个项目进行了咨询，而它的大部分成员根本就不欣赏佩罗在《古代方法之后的五种柱式规制》

---

　　① 达尼埃尔·吉塔尔，1625—1686 年，法国建筑师。——译者注

图6　圣安托万区凯旋门。引自亚当·贝尔莱（Adam Pèrelle），《最美的法兰西建筑》（*Veues des plus beaux bastimens de France*），巴黎：Mariette，1670年，未标页码

圣莫尼卡，盖蒂中心人文与艺术历史研究部提供

（*Ordonnance*）一书中所表达出来的激进立场。不出所料，鉴于经济和功能的考虑事项，科学院建议中止该工程。

　　佩罗的其他项目还有一座方尖碑，也是为了彰显路易十四的荣耀，设计选址在离卢浮宫很近的文人园地（Pré aux Clercs，1667年）；另外一个是圣日内维耶芙教堂（Sainte-Geneviève，约1680年左右），这件作品预示了18世纪法国教堂建筑的发展。在欧洲建筑学进步的背景下，这最后一件作品，实际上是佩罗所有项目当中最具有创意的一个。自由布置的古典式柱子沿着中厅长度的方向承载着横梁结构，这其实是对自热尔曼·博法尔（Germain Boffrand）① 到雅克－热尔曼·苏夫洛（Jacques-Germain Soufflot）② 的新古典主义教堂最重要的特征的一个预演。甚而言之，这样一座教堂的设计理念，也领先于德·科尔德穆瓦神父（Abbé de Cordemoy）③ 和马克－安托万·洛吉耶神父（Abbé Marc-Antoine Laugier）④ 的那些重要的理论见解。

在新近的一些资料里，可以找到有关佩罗生平的进一步传记。⁹但是，对于当前的讨论而言，勾画出佩罗认识论轮廓似乎显得更为重要。惟有如此，我们才可以读懂他著作中的"那个作品的世界"，并由此把握《古代方法之后的五种柱式规制》一书的内涵。

佩罗的写作年代是从 17 世纪的后三分之一开始的。这是一个伽利略的科学革命及其推论被哲学家和科学家广为接受的时代。而且，这也是以伴随着华美的巴洛克式的庆典仪式的法国君主政体的"黄金时代"，这是一个古典神话依然还能反映伦理秩序，现实世界依然存在着传统等级制度的时代。技艺和实践都是传统的。建筑学中依 [9] 然充斥着植根于从上帝所刻意创造的世界或神启的自然之感觉的古老的价值观念。人的秩序，包括公共机构的建筑，"奇大无比的"花

---

① 热尔曼·博法尔，1667—1754 年，法国建筑师，并擅长洛可可风格的室内装饰。——译者注
② 雅克－热尔曼·苏夫洛，1713—1780 年，法国新古典主义建筑师，代表作巴黎万神庙（Panthéon）。——译者注
③ 让·路易·德·科尔德穆瓦，1651—1722 年。法国 Saint Jean-de-Vigne 修道院的神父，著《建筑界的新声》（*The Nouveau traité de toute l'architecture*）。——译者注
④ 马克－安托万·洛吉耶神父，1713—1769 年，法国学者，著《论建筑》（*Essai sur l'architecture*）。——译者注

园，几何式的要塞，临时建筑以及机器，都在直接地说明着这样一种价值的存在；这种存在在一个充满意义的世界中左右着、决定着人的生死。稍微回顾一下，就能够很容易地把握住，在科学思想和传统世界的两极关系之中，佩罗的理论立场是怎样被他同时代的人认为是前后不一致的，这种不一致不仅体现在对传统建筑学理论的验证上，也体现在与他自己创作实践的关系上。

佩罗是最早意识到诸如科学和建筑学这类与人类活动相关的思想，并非是某种最终导向以神启为基础的普遍真理的封闭过程的人们中的一位。现代科学，与其在古代和中世纪的前身不同，不再是一套封闭的、带着预定的超验结论的秩序。[10]培根（Francis Bacon）在他的《新工具》（*Novum Organum*）里否认了古代作者绝对的权威。培根将传统的思想体系称为唤起想象世界的"一些喜剧"（comedies），提出通过对于自然现象的观察产生一套新知识，独立于超验的事物。而这套新的知识与科学史实现了统一，而科学史在培根看来则是一个不断累进的过程；这种累进涉及将过去的经验积累起来，并由知识分子们用来共同建设未来。与有限的世界不同，神话史诗传递的是一种周而复始的无限观念，这使得人们能够安于现实，于是，获取新的知识成为人类的集体任务，它是积极的，然而不稳定，可以被分享和传递，茁壮成长。这是一套总是处于不断进化过程之中的哲理，它向着乌托邦式的完美的绝对理性不断推进，其中暗示的可能性也就不言而喻了。[11]与不同哲学体系之间长期以来的争论大异其趣[12]，这一思想的结果所带来的将是独一无二的科学传统，一种理性的必然产物。

由伽利略发展起来并有培根所接受的"新科学"不再是另外一

条宇宙论假设；它从根本上颠覆了传统的世界观。新科学的目标是运用一个只依据几何学和量化的性质就可以决定的，完全可以理解的世界，来取代人们所感受到的现实——这是一个千变万化、永不停息、主要是靠人们体验到的性质来加以描述的生活世界。伽利略用数学的语言描绘了自然现象各种不同要素之间的关系。于是一个理想化的、几何的大自然取代了神秘无常的生存宇宙。为了认可一个由抽象联系和复杂关系构成的世界，使得可见现实的重要性下降了。在这个世界，真理变得更为清晰，但仍无法去解释生活中的那些反常现象。

[10]

就这样，伽利略的科学成为对于生存空间的几何化过程中的第一步，而传统的宇宙观也由此开始解体。[13] 依照伽利略的工作，思想家们逐渐不再将科学现象仅仅当作可以观察的东西，而是首先当作能够通过数学来清晰构想的事物。各种物体变成了数字，不是被当作柏拉图或者毕达哥拉斯的超验本质，而是成为客观的和能够理解的形式。有形世界的可见"品质"（建筑正是可见性的一个范例）开始变得相对和主观起来。自然界这本大书被用数学术语加以重写，人类开始认识到自己可以操纵和支配一个对象化了的外部现实。

伽利略的新科学和笛卡儿的哲学是造成知识在感知领域和观念领域出现分裂的第一个假定前提。日后，西方的科学和哲学将会赋予真理以特权并将其断然置于现实之上。可是在 17 世纪，主体的观念和客体的现实性之间的超验对应，却依旧被看作是由仁慈的上帝来保证的，这是一个根据几何学法则创造宇宙的上帝。在这种信仰的基础上，科学家和哲学家基于以因果关系解释自然现象的机械论逻辑，建立了宏大的观念体系。尽管日后这种体系的价值将取决于它们的清晰度及其观念和关系的显著证据，在佩罗所处的17世纪前半叶里，这些体系却保持着封闭和对根本原因的终极关注。

关于知识并不从属超验条件的限定而是基于量化的经验性事实并且不断发展积累的这样一种观念，在这个世纪后三分之一时段的精神思潮下，变得越来越明晰。而学术机构的创建和"古人"与"今人"之争便是两个象征了这种变迁的重要事件。佩罗在其中均起到了主导作用。

佩罗是皇家科学院（1666年）的创始成员之一，并且也是该机构在解剖学和植物学领域的最初研究项目的作者。[14]随着其每个成员朝着培根所设想的乌托邦不断作出贡献，这所学院很快就像它的英国前身伦敦皇家学会一样，成为现代学术机构的模范。这些新机构的重要性再怎么强调也不为过。这些由国王和民间机构庇护的学院，[11]与17和18世纪里那些拒绝笛卡儿思想的基督教会大学形成了鲜明对照，并为新科学的发展提供了理想的支撑。

"古典人和现代人之争"使得法国知识分子阵营在古代权威的问题上发生分裂。佩罗和他那同样知名的弟弟夏尔为"现代人"辩护。他们的立场是复杂的。有些作者强调了这一争论所涉及的文学起源以及个性的冲突。[15]这些"现代人"大多是处于国家自豪感上升时期的法国人，而佩罗兄弟与宫廷的关系又十分密切。然而他们对于现代科学的热情辩护，却别有一番更为激进的意义；这是一个涉及基本价值观念的问题。

在他1688—1697年的四卷本《古今之比较》中，夏尔·佩罗描述了这一冲突（图3）。[16]在承认古代作者的卓越之后，他宣布了现代人的优越性。由于自然哲学的古老法则相信——只要遵循亚里士多德及其诠释者的指引，真理就可以从书本的素材里得到；夏尔·佩罗意识到这一点阻碍了实验。他相信这样一种信仰是不坚实的，而是更青睐现代人的态度，后者通过观察自然，积极寻求可证实的知识。

佩罗兄弟对于笛卡儿的思考也持保留意见。[17]夏尔·佩罗将笛卡儿归为亚里士多德哲学的驳斥者，而尼古拉·佩罗和克洛德·佩罗则在他们合作的物理学中使用笛卡儿的模型。不过夏尔·佩罗也批评了那些假定笛卡儿体系揭示了自然的终极原因的忠实追随者。他批评了笛卡儿在 1644 年的《哲学原理》（*Principia philosophiae*）[18]导言中所设想的世界体系，这是一篇关于人类智慧原理的论文，强调了某些观念的存在"自身是如此明晰……以至于它们不可能被领会……注定是天生的"。笛卡儿曾经写道，人可以质疑感官世界的真实性，却也可以放心上帝绝不会故意愚弄人类。既然知识是上帝所赐予的，一切人类所能明晰清楚地观察到的"数学式的证据"的东西，都一定是真的。18 世纪的哲学家将笛卡儿的著述当作纯粹幻想而加以拒绝，这是一堆惊人的机械主义梦想，它们试图解释从宇宙构成到火的实质，从磁力现象到人类感知的一切可能现象（图 7）。笛卡儿相信，既然他的机械主义系统能用一种清晰真切的方式通过因果关系解释自然现象，那么它就一定能够给人们提供达到绝对存在的途径。

这样一来，笛卡儿和佩罗兄弟的立场就在一个基本的神学问题上发生了分歧。尽管笛卡儿的著作遭到教会指责，他还是提出"我们应当宁愿将神的权威置于我们的推理之上"。[19]教会的谴责，例如对伽利略的著名审判，不仅暗示着对于一个具体的哲学体系或天文学

[12]

[12]

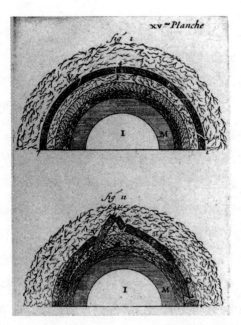

图 7 笛卡儿涡理论（vortex theory）的不同物质的密度及其影响插图
　　引自：笛卡儿，《哲学原理》（*Les principes de la philosophie*）（法国）圣母院（Notre Dame），圣母大学图书馆，特藏部

体系的拒绝，而且更重要的是，让教会陷入反对任何颠覆传统秩序的行为的泥淖，无论这种颠覆是否合理。于是，虽然笛卡儿依旧试图以一种近乎中世纪的方式，来让哲学和神学达成妥协，但佩罗兄弟更加现代的立场日益显山露水，意在将信仰和推理区分开来，并借此声称自己避开了无法解决的冲突。

　　笛卡儿认识到自己思想和伽利略思想的紧密关联，但也批评了这位意大利科学家的著作里"开放而不系统"的特性。[20]而佩罗兄弟，却信奉伽利略的态度，他们承认对知识进步而言，各种封闭的假设体系具有局限性。这一点对理解《规制》一书的深刻意义十分

[13]

关键。在现代世界的认识论中，随着宗教神学淡出逻辑和理性，人们对超验主义也就愈加陌生。思想的任务由此开始集中于解释事物是怎样发生的，而不去理解为什么是这样发生的。对于必然法则和精确确定的关系所作的探究要比对于终极原因的追寻更加有用，也就是说，更具有适用性。克洛德·佩罗将现象定义为"出现在自然中的某一事物，然而其原因却不如该事物本身显而易见"，一语道破了现代认识论的症候之所在。

这样一种立场，一种真正的原型实证主义（protopositivism），在17世纪的最后10年和18世纪30年代之间的法国知识分子圈子中十分突出，当时牛顿的自然哲学在欧洲开始普及。克洛德·佩罗和夏尔·佩罗重新定义了真理，把它和幻想区别开来，把科学知识与神秘思想加以分离。夏尔在他的《古今之比较》中讨论了解剖学、望远镜和显微镜之后，将占星术和炼金术归为怪诞的旁门左道，认为它们缺乏真正的原则。他写道，"人类与距离我们无限遥远的天体没有联系和感应变化。"[21]他由此将新科学与传统的秘术知识区分开来，而这些不同的知识门类在该世纪的早些年里却还总是被混为一谈。[22]

夏尔·佩罗也惊奇地发现，有些现代作者并不接受血液循环论——这一机械主义生理学无可置辩的证据，因为它与传统医学的体液论相悖；或者不接受哥白尼和伽利略的天文体系。在就现代和古代艺术与科学的不同价值观（其中包括战争、建筑学、音乐和哲学）进行了讨论之后，他得出结论，除了诗歌和雄辩术，现代艺术和科学总是更胜一筹。[23]

克洛德·佩罗将就"古今之辩"（querelle）的话题，在《规制》一书里再费上一些笔墨。其中，他质疑了"荒谬"的规则和比例关系的规定，在他眼里这些规则仅仅是通过引用古代的范例才具有了权威性。[24]在更一般的意义上，"古今之辩"是通过佩罗和弗朗索瓦·布隆代尔之间的争论才被引入到建筑学的论辩当中的。后者是一位著名建筑师、数学家和导演，也是皇家建筑学会的第一位教授。在他1675—1683年写就的《建筑学教程》(*Cours d'architecture*)这本由学院讲演集成的教科书中，布隆代尔表达了自己对于"古今之辩"的看法（图8）。[25]他认为双方都有有力的论据，并采取了中庸的立场。古代作品作为现代的佳作源泉，理当受到尊崇，但这种尊崇不应当是盲从的。他提出结论认为，一切美的事物都应当受到欣赏，而不论其时代和产生的地点。[26]因此，布隆代尔把自己所处的世纪和古罗马帝国的完美相提并论。他似乎也可能会像佩罗一样承认，建筑学进步的可能性。但是布隆代尔对于科学和智慧保持了传统的理解；他不能接受将新的科学吸收进建筑学所带来的全部后果，特别是鉴于这些后果在佩罗理论中所引发的激进的不同价值观念的那种方式。

[14]

其实，布隆代尔所理解的基本问题不是关于古代作者和现代作者的优点孰大孰小，而是建筑价值的绝对性或相对性。布隆代尔接受多样的鉴赏力和美的标准的存在，但他拒绝美有可能最终是习俗造成的这样一种观念。而这后一个观念却是佩罗的《规制》一书所包含的超前观点，而且代表了这一著作所蕴含的最为激进的意义。布隆代尔与佩罗意见相左，他"与大部分著书立说的人一道"，相信存在着一种永远能够产生愉悦的自然美，而且它产生于数学或几何学的比例关系。根据布隆代尔的看法，这种观念不仅对于建筑学而且对于诗歌、雄辩术、音乐和舞蹈都是适用的。因此，和谐是建筑学和其他艺术中真正愉悦和意义的源泉。[27]

[15]

图 8 标题页。引自布隆代尔（François Blondel），《建筑学
教程》（*Cours d'architecture*）

巴黎：L. Roulland，1675—1683 年，第一部分。

圣莫尼卡，盖蒂中心人文与艺术历史研究部提供

佩罗对于建筑学中如此根深蒂固的假定进行质疑的能力，来自
他对于科学真理的理解，这一点，他在 1680—1688 年间与其兄弟尼
古拉·佩罗合著的《物理论》（*Essais de physique*）中展开得最清晰。
在这部著作里，佩罗兄弟将理论物理学和实验物理学加以区分，强
调了观念体系或未经实验的先验假设在价值上的从属性质。[28] 提到他
们倡议的机械体系，佩罗兄弟承认，这种体系的价值并不能从自身
的优越性中推向其他类似体系；相反，在作者眼里它们的价值却是

出新出奇的结果。佩罗由此允许假设体系的建设可以完全自由，甚至认为"其他著名哲学家天马行空的想象性论说"是无可厚非的。他认为"真理只不过就是现象的总体，它可以将我们导向大自然企图隐藏的智慧……这是一个我们可以给予多重解答的谜语，根本不要期待会发现某种确切无疑的解释。"[29]

佩罗认为，一个精确的归纳过程比一个演绎过程要有价值得多。他对于体系的观念不再与宇宙论方案相关联；按照布隆代尔和其他巴洛克时期的科学家和建筑师所假设的那样，对思想所进行的系统阐述，譬如任何理论（*more geometrico*，或可能仅仅以几何证据的形式设定的某种理论），可能会具有"普世之钥"（*clavis universalis*）①式的超验力量，能够打开普遍现实之门，佩罗对上述提法进行了驳斥。[30]体系，对他来说，现在只是一个建设原则，一条结构规律，具有变化和改进的可能。[31]佩罗强调了可感知的显著真实与幻想的起因之间的区别，并指出，接受那些用来解释自然的不同层面的假设，这种做法要比试图设想一个自成一套的、排他性的解释更好。[32]他认为真正的原因都是玄秘的；而推理能导出的只是相对可能的想法。

尽管如此，佩罗还是在不同的语境里强调认为，如果不先提出带有总体性的命题，就不可能进行哲学思考。[33]这样一来，他就抓住了现代科学的抉择困境："思辨的物理学"（philosophical physics）揭示了一种在所获取的知识尚未达到充分的情况下进行综合与演绎的雄心壮志，然而"历史的物理学"（historical physics）却通过一种归

---

① clavis universalis 法语对译英文 = universal key。在 16 世纪与 17 世纪，术语"普世之钥"用来指一种方法或者通用科学，它使人们能透过世间纷繁的表象或者"思想的阴影"，而得以把握思想，并进而解读世界的秩序。——译者注

纳的方法搜集精确的信息，保持着高度的谦逊和谨慎。[34] 耐人寻味的 [16]
是，尽管佩罗认识到了体系具有人工的和非超验的性质，他却总是按
照现代科学的真正精神，将自己的发现归结为对于自然的系统化理解。
这种基本的困境，不仅成为现代科学认知论的特征，而且也是人类标
准化的和基于例证的知识的局限性的终极来源，被佩罗纳入到建筑学
理论中。在《规制》一书中，这种经过改造的理论将与其所有的歧义
模糊一道，成为呈现在现代建筑学中最深刻的矛盾的根源。

　　事实上，佩罗设计的建筑非常少，但无可否认的是，他对于后
来数代的建筑师影响巨大。[35] 除了造型形式上的贡献之外，他的遗产
还包括了一条理论路径，只有联系上文概括的认识论假设，才能理
解这一路径。佩罗的建筑学著作——他为自己的维特鲁威译本所作
的前言和注释，特别是《规制》一书——质疑了传统理论中最为神
圣的前提设定，尤其是那种认为建筑学是预先给定、无可辩驳的观
念。在他的维特鲁威译本的一则注释里，他为自己在卢浮宫立面使用
双柱作了辩护，他拒绝布隆代尔的批评："（布隆代尔的）主要反对观
点……是建立在一种偏见和错误的前提之上的，认为不可能抛弃古代
建筑师的习惯做法。"[36] 佩罗承认，允许美的创新可能是危险的，因为它
会鼓励过度的自由并产生奢华无度和怪诞无常的建筑。但他认为滑稽
的创新将会自生自灭。倘若要求模仿古代的法则是真理的话，"我们就
不需要寻求新的方法来获取我们所匮乏的知识，而正是这些知识在每
天丰富着农学、航运学、医学和所有其他的技艺。"[37]
　　在《规制》一书的下篇以讨论"变体"（abuse）为题的第八章
中，佩罗将那些合理的甚至是"好的"创新与那些与建筑学的规则

相左的作品进行了区分。如同自己在维特鲁威译本中所做的那样，佩罗引用赫谟根尼（Hermogenes）①的伪双排柱设计为自己的双柱进行了辩护。[38]他随后辩解，按照中庸之道（*juste milieu*）的精神，他提出的东西代表了一种合法的"第六种"空间布局，列在古代的五种柱式之后——双柱是两个极端柱式（列柱式和对柱式）的综合，真的值得在"经典的"（如今则意味着"圣典的"）理论中间享有一席之地。

[17]

在这一章的上下文里，佩罗还为其他革新或"好的"创新进行了辩护。对纪念性柱式的运用就是一个例子，对于像卢浮宫这样的宫殿它也应当被认为是可以接受的。而许多其他巴洛克式和手法主义式的变体却遭到了严厉的审视。尽管从当代的观点看来，佩罗的美学判断一定带有武断色彩，或仍然建立在对于超验鉴赏力的一丝若即若离的信奉之上[39]，佩罗在这一章的结论中，以一种忠实于他的科学精神的方式，声称他不会执拗于自己的"非正统观点"："我将放弃它们，只要真理给予我更大的启示。"[40]而令人感兴趣的（也是感到颇为矛盾的）是，人们注意到在18世纪中叶，法国新古典主义理论最具分量的论文作者洛吉耶神父（Abbé Laugier），认定佩罗的立场与他的实践如此矛盾，以至于洛吉耶相信，佩罗多半只是在争辩的精神上对这一立场加以辩护。

正如上面所详述的，在17世纪的认识论革命中，知识作为一个整体开始受到一种向着未来迈进的影响，它导致了一种认为当前不够完美的感觉（和认同）。佩罗认为令人信服的科学论证在他的眼里同样适用于建筑学。在《规制》的前言里，他作出结论说，"建筑学

---

① 赫谟根尼，公元前5世纪晚期—公元前4世纪早期，苏格拉底的追随者；柏拉图（Plato）和色诺芬（Xenophon）的书中人物，是卡利亚斯三世（Callias III）的同父异母的兄弟。——译者注

的首要原理之一，正如在其他艺术门类中一样"，便是它尚未尽善尽美。[41]尽管他对于自己的理论完美性充满自豪感和自信，佩罗还是表达了一种渴望，即他关于古典柱式的规则会有一天被表述得更加精确和容易记忆。这一立场和他在"古今之辩"里对于"现代人"的辩护保持了一致，其重要意义是再怎么强调也不过分的。对艺术加以完善的可能性的这些观念，从前就有过表述——特别是在 16 世纪的后半叶——但这些观念，就像布隆代尔理论里的那些一样，大部分都是对古代教条的附和，总能使当前作品自身流露的价值和过去的权威达成妥协，而这二者又都是从同一超验秩序中引申出其意义。而佩罗则转向未来，将他的建筑学理论设想为一条连续不断的发展线路上的某一阶段，作为一个不断增长的理性化过程的构成部分。既然现代建筑学掌握了过去所积累的经验，它当然就更胜一筹。

这种建筑学在不断进步的现代观念，奠定了 1671 年设立的皇家建筑学会的基础。佩罗在其中所起到的具体作用，一直难以搞清楚[42]，但他的立场总是被大部分成员认为有待商榷。无论他扮演了何种角色，皇家建筑学会实际上成了专门就建筑学问题进行理性讨论，以及给建筑师安排教育等的第一家机构。传统的学徒制和中世纪共济会所提供的体力技艺（Mechanical Arts）① 的训练，在 17 世纪早期 ［18］
几乎没有什么改变，尽管在文艺复兴期间建筑学的地位发生改变之后，这些机构已经变得难以胜任了。皇家建筑学会传授建筑学并使

---

① 体力技艺，又称机械技艺，为了满足人的身体需求而发明的学科，是对中世纪七门学科的补充，由中世纪神学家和哲学家波纳文图拉（Bonaventura，1221—1274 年）分为七类：纺织（lanificium）、军械（armatura），农业（agricultura）、狩猎（venatio）、航运（navigatio）、医药（medicina）和戏剧（theatrica）。中世纪七门学科分为两组：trivium（语法、逻辑学、修辞学），quadrivium（算术、几何、天文、音乐）。参见：fr. wikipedia. org。——译者注

其制度化，对于理性的理论给予了前所未有的强调，而且这种教学将现代建筑学的优越性设定为自己的基本前提。

上述态度没能迅速立足生根的这一事实，证明佩罗处于超前的历史地位。鉴于 17 世纪思想体系内在的含糊性，布隆代尔为皇家建筑学会所作的教科书支持传统是不足为奇的。布隆代尔重申了这一自从文艺复兴以来的共同信仰，相信理论对于建筑学的成功的重要性。维特鲁威的著作只是反映了在他之前的希腊建筑师的学说，而并不是偶然契合了罗马古迹最美丽的遗迹，布隆代尔还引用了其他大师提出的规则，譬如维尼奥拉（Vignola）、帕拉第奥（Palladio）、斯卡莫齐（Scamozzi）。[43] 他的意图是检查和比较这些规则，显示其异同，意在建立那些最可能具有普适性的规则（图9、图10）。在他看来，这是塑造当前建筑师鉴赏力的唯一途径。布隆代尔并不相信是过去的那些伟大建筑师之间的观念差异造成了问题。按他的理解，这些关于比例均衡的著作基本上是正确的，只要它们清楚地表达作品的理论上的尺寸，那么就无疑是有意义的和权威的。问题关键在于阐释。建筑师需要选择最合适的规则并在个案中发挥自己的天才和经验来运用它们。

对比之下，在表述了他对于一种累进的建筑学的信仰之后，佩罗寻求在《规制》一书里为他认为的终极完美的古典柱式建立一个比例关系体系。他的尺寸体系是新颖的。他拒绝所有在他自己的时代被广泛接受的其他体系，批评它们对模数的复杂细分，并设想了一种用整数来划分建筑主要部分的方法。[44] 就古典柱式各个部分最合适的尺寸进行的计算占据了这本书相当大的篇幅。佩罗的方法在于从最优秀的古代和当代建筑师的建筑、设计或论著中找到两个极端尺寸的中间值。算术中间值，是"中庸"（*juste milieu*）一词最贴切

图 9　柱头的起源 （*L'origine des chapiteaux des colonnes*）

引自布隆代尔，《建筑学教程》

巴黎：L. Roulland，1675—1683 年，第二部分，紧接第二页之后。

圣莫尼卡，盖蒂中心人文与艺术历史研究部提供

的观念表达，而对佩罗来说它就成了完美的理性保障。佩罗相信建筑的比例关系本身并没有正确与否，甚至在比例关系没有经过完全精确调控的情况下，建筑也能令人满意，他着手建立"可能的中间"尺寸，这些尺寸牢牢地建立在确凿的理由之上，而又不会对佩罗的时代所习用的比例关系进行过度的修改。[45]

[19]

图 10　科林斯柱头。引自布隆代尔，《建筑学教程》

巴黎：L. Roulland, 1675—1683 年，第二部分，第 114 页。

圣莫尼卡，盖蒂中心人文与艺术历史研究部提供

39

实际上，对佩罗文本的细察就会立即发现，在他所决意采用的平均比例上暴露出了大量的误差和参差不齐。但是，说到底这不是一个实质性的问题，因为他的理论结果几乎不受他的数学计算影响。佩罗所设想的尺寸体系，从效果看来，就是一个演绎性的创新，只是着眼于传统古典柱式最通用的外观和比例关系。他对于"中庸"的兴趣和抬出那些著名建筑师，只是使他的主张合法化并赢得他的同代人接受的方法。然而，佩罗不仅仅是在重复传统建筑学著作的含糊性。他完全意识到了他的体系所蕴藏的颠覆意义，这一体系相当于一套武断的和观念的架构，而且在本质上，与大师们的规则没什么关联。 [22]

　　那么，佩罗费神劳体的背后，真正的动机是什么呢？它显然是对于他在《规制》一书里所描述的他的同时代人对于五种古典柱式的"混乱"观念的一个回应。佩罗评论了维特鲁威著名的比例关系体系和文艺复兴作者之间存在的差异，他抱怨说根本没有确定的法则。虽然所有的论文作者都依赖于同一个超验的正当理由，但是柱式各个部分之间的比例关系总是存在差异，并且与真正建筑的实测数据始终无法对应。

　　17 世纪的几个作者——特别是罗兰·弗雷亚特·德·尚布雷（Roland Fréart de Chambray）——已经就这一困难加以评述，然而颇具意味的是，这些差异在佩罗之前始终没有被当作一个基本的理论问题。德·尚布雷在他 1650 年的《古今建筑之比较》（*Parallèle de l'architecture antique avec la moderne*）中，力求展示不同作者是怎样用各种手法来对古典柱式加以运用的（图 11）。[46]但他的讨论却正好瞄准了那些"妄自通过荒诞的诠释修正古典柱式"的作者。佩罗则与

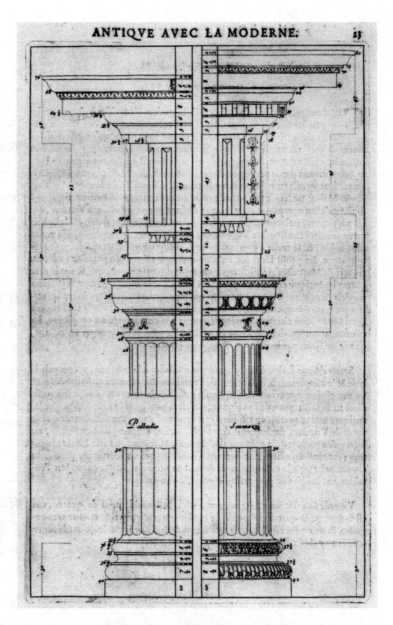

ANTIQVE AVEC LA MODERNE:

图 11　帕拉第奥和斯卡莫齐的多立克柱式。引自德·尚布雷
《古今之比较》（*Parallèle des Anciens et des Modernes*），
巴黎：Edme Martin，1650 年，第 23 页。
圣莫尼卡，盖蒂中心人文与艺术历史研究部提供

其相反，对于那些只要其比例体系源自古代，而没有提出新的无可置疑的比例体系的一切论著，他都持有批判态度。[47]从他的科学观出发，佩罗相信只推荐一种体系的论著更好。佩罗认为问题一直在于，没有哪个单个的建筑师会有足够权威来建立一套可以一贯恪守的法则。显然，他认为，既然这是一套可以被接受的标准、规范或合法"规制"，并具有权威法则的地位，自己关于理性的、"自明的"理论的提议是这一问题最有"可能"的解决方法。

这样一来，理论体系和真实建筑实测数据之间发现的差异就变得可以接受了，佩罗着手通过创造一套简单而通用的建筑比例体系来解决这个问题。这将是一套任何建筑师不论其能力高下都容易学会、记诵和实施的体系。于是，实践中的参差不齐将透过一定的规则而得到控制。[48]佩罗所建立的比例规制有效地实现了他的意图。他的"小模数"（*petit module*）是各类柱式最重要元素的控制尺寸，它的大小是柱径的1/3，而不是传统的柱子半径。[49]这一简化的模数不仅使各柱式的柱基、柱身、柱头和檐部之间的相互协调得以完善，它也提供了一系列尺寸将五种柱式和它们的所有要 [23]
素联系起来——从塔斯干柱式到混合柱式传统的高度递增序列。在易用性方面，所有的尺寸关系都是以自然数的形式表记，强调了佩罗将比例关系当作规范的操作指导体系的观念。

然而为了达到自己的目标，佩罗必须拒绝建筑比例关系所蕴藏的传统含义。他批评了在技艺与科学方面还在盛行的对于古代的盲目崇拜和顺从态度。他发现建筑师对"那些称为古代的作品"的推崇已经变成一种宗教，尤其是对于这些作品的比例关系的神秘景仰，其程度令人无法相像。[50]对于佩罗来说，没有所谓"神圣比例"

图 12　佩罗，耶路撒冷神庙（Temple of Jerusale）改建

引自摩西·迈蒙尼德（Moses Maimonides）①，《圣祭》（*De culto divino*），Ludovicus de Compiègne de Veil 翻译，巴黎：G. Gaillou，1678 年。

图片版权：Courtesy Burke 图书馆，协和神学院（Union Theological Seminary），纽约

（divine proportion）问题，哪怕在所罗门神庙之中也没有；所罗门神庙作为基督教的象征的原始地位体现着人类和"众生序列"（Great Chain of Being）② 之间的关系，他明确质疑"众生序列"。有趣的是，人们注意到尽管佩罗自己表现了对于重建神学原型问题的兴趣（图 12），

---

① 摩西·迈蒙尼德（1135—1204 年），犹太哲学家、法学家、医生，他的《米西那评注》（commentary on the Mishna，意为"对律法的重新阐述"）以希伯来语逻辑严密地表达了传统犹太教义的全部内涵，被誉为中世纪最重要的犹太教知识分子。De culto divino 中古法语对译英文 The Divine Worship。culto 即现代法语 culte。——译者注

② 又译"存在巨链"，源自古希腊，指对宇宙本质的概念，它指出宇宙的 3 个普遍特征：充实性、连续性和等级性，在这三个原则的基础上，人们认为万物（至少是所有动物）都能被安排在一个以完善程度为等级标准的链条之上。这一哲学观念对于西方的新柏拉图主义，并在文艺复兴时期，特别是在 17 世纪和 18 世纪早期都有广泛影响。——译者注

他的项目却与信仰和宇宙的问题保持了距离，而是更加具有学者意味和科学色彩，着实令人好奇。而这样一来，就使它与像胡安·巴蒂斯塔·维拉潘多（Juan Bautista de Villalpando）作品那样的传统重建有所不同。[51]

的确，佩罗主张除了宗教真理，那是不容置疑的，人类知识的其他方面，包括建筑学，可以也应该置于"系统性质疑"之下。[52]由此，佩罗就能够将理论性阐释的问题简化为某种一般性的推理性讨论；他对将比例关系看作是现实问题的终极判断，从而使建筑学能够体现"天宇星辰之舞"的传统作用，提出了质疑。 [24]

毫不令人感到惊奇的是，佩罗对于传统中所认可的建筑比例与音乐和谐之间的关系表示了反对。在《规制》一书的前言中，他断言"绝对的"（positive）美并不直接依赖某种看不见的比例关系，而是仅仅由各种可见外表所产生的。他引用了三个基本的范畴：建筑材料的丰富性，建造的精确和得体，以及一般性的均衡与部署。从另外一个方面讲，传统上曾经与音乐的音调与节拍相关联数字比例的权威性，不再能够被接受为一种建筑美的保证要素。根据佩罗的观点，建筑的比例一直处在变化之中，"正如时尚的变化一样"，仅仅依赖于习俗。[53]在比例问题的最初发明者看来，想象是唯一的法则，而当"他们的奇思妙想（fantasie）发生了变化，他们就会引入某种新的比例，而这些比例又会被发现是颇为令人愉悦的。"[54]

夏尔·佩罗在他的《古今之比较》关于建筑学的章节里也指出，比例关系在整个历史过程中一直在修改。他断然拒绝了人体比例和柱子尺寸之间的任何关联，并将这一现代认识归结为对于维特鲁威《建筑十书》的错误诠释。[55]维特鲁威将自然所决定的人体比例的完美

44

性当作建筑学的模范。然而，在夏尔·佩罗看来，这并不意味着建筑物要从人体里引出自身的比例规制。

克洛德·佩罗写了一篇关于古代音乐的论文，就同一论题的另一个方面进行了仔细考察。在这篇短文里，他直截了当地否认了这门艺术神秘的完美性，而传统上，这门艺术是亚里士多德学派的宇宙中既定和谐的象征。[56]因而，十分清楚的是克洛德·佩罗建筑比例理论，在其清晰性方面，第一次失去了其作为某种微观世界和宏观世界超验性联系的特征。

视觉校正的使用，作为传统理论的另一基本组成部分，也遭到了佩罗的质疑（图13、图14）。维特鲁威曾经建议使用视觉矫正，校正从某些位置观察建筑时的尺寸失真。佩罗之前的大多数建筑师用这一论述证明，理论制定的比例关系和实际建筑尺寸之间的差异是无可厚非的。对于这些矫正的认可，表明对于建筑师来说，理想和现实世界之间的差别从来就不是什么问题；这种矫正反而被看成建筑师应对每项建筑业务特殊性的能力。例如，布隆代尔就详细讨论了视觉校正的问题。他用了一些著名的建筑作为证据，强调了校正尺寸使其在透视上显得比例正确的必要性。[57]他甚至断言建筑实际尺寸的成功决策，已经包含了理想比例关系的增减，也正是表现建筑师才华（*esprit*）的地方："结果更多地取决于建筑师的活力和天赋，而不是任何可能设立的规制。"[58]

[25]

[26]

在《规制》一书下篇的第七章，佩罗系统地反驳了这一阐释。首先，他论证了在大多数情况下，理论和实践之间的这种差异是无意的。一旦是刻意的时候，它们只会产生荒谬的效果。视觉校正不

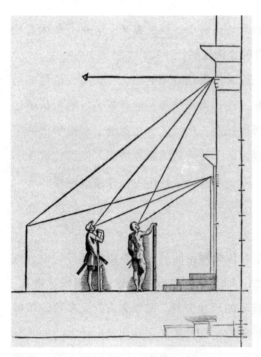

图 13　视觉校正。引自维特鲁威，《建筑学：美好建造的艺术》（Architecture；ou，Art de bien bastir）Jean Martin 翻译，巴黎：Jacques Gazeau，1547 年，第 39 页右侧图版

圣莫尼卡，盖蒂中心人文与艺术历史研究部提供

图 14　视觉校正。引自维特鲁威，《建筑学：美好建造的艺术》（Architecture；ou，Art de bien bastir）Jean Martin 翻译，巴黎：Jacques Gazeau，1547 年，第 42 页右侧图版

圣莫尼卡，盖蒂中心人文与艺术历史研究部提供

是必需的。事实上，佩罗声称，感官是无法欺骗的，尤其是听觉和视觉。这一声言的基础是真理和虚幻之间的区别，这是现代科学观的立足点。佩罗可以由此断言，甚至巴洛克错视画派（Baroque trompe l'oeil）的作品，"试图欺骗我们的企图"都不是十分成功，并

作出结论认为，观众不会被油画的错觉所欺骗，因为"有视觉的保证"。眼睛将世间万象当作清晰的观念来感知，这种笛卡儿式的信仰引导佩罗宣称，"倘若不注意，比例不改变"——而一个刺眼的矛盾是，事实上他早年说过对古典柱式比例关系作出简化和微调之类的话。[59]佩罗几乎是按照现代心理学的精神，宣布心灵之眼具有测量能力，这种测量不是在绝对的意义上，而是通过比较和联系来进行的。因此，任何视觉校正都会出现失真。因为眼睛总是在改变位置，校正只对某个特定的视点才会生效。根据佩罗的观点，倘若从前的建筑师相信校正，那也只是因为维特鲁威在这个问题上有着既定的权威地位，以及实际上是工艺不完善所带来的理论和实践的出入。在某个类似于有关可以接受的"比例变体"的争论中，佩罗宣布唯一有根据的视觉校正，是那些基于观念意图的校正，譬如出于意义上的考虑，想让有些东西显得比实际上更大一些。

我们可以得出一个结论，在他的认识论立场的指引下，佩罗相信人类处在一个已经被几何学全景"给定的"世界里，直接感知无偏差的数学和几何学关系的能力。传统的视觉校正，"自然透视"（*perspectiva naturalis*），属于这样一个世界，在那里视觉感知的许多方面不具有假定的至高无上。[60]视觉尺度必需和对世界最初的，即一种先验的感知相对应，而这种感知则是与其主导动因和触觉尺度相联系的。在佩罗的理论中，视觉绝对优先于具体现实。他认识到，对于他的同代人来说，也许这种"似非而是"比他关于建筑美的第一个"非正统观点"甚至更加难以接受，它不是一个自然法则，因而也无所依傍，不像音乐的和谐有赖于固定的比例关系。确实，可能只有在理论自身的性质经过变革，而且为人们接受之后，只有在建筑学理论被承认为一

[27]

套技术操作规程，而且简单直接地应用成为其基本目标之后，人们才会感到他的立场是正确的。一旦建筑学的构造艺术（ars fabricandi）连带其所有的清晰度、无须验证的数学推论建立起来之后，就没有理由再改变或者"矫正"比例关系了。

　　如我们所见，在佩罗的理论中，建筑的美是用目光可及的外观加以定义的。他明确区分了可见现象和不可见现象，即设想的事物起因，并让前者总是优先于后者。于是，在历史上第一次，可见形式和不可见的内容之间的一致性打上了问号，而这一问题最终引发了我们今天的"表达危机"（crisis representation）。感知尺寸和概念尺寸之间的差异，只有在笛卡儿世界观肇始之后才能出现，而且佩罗著作里的许多突出矛盾，恰恰是从这种新的紧张引发的。佩罗似乎可能接受传统建筑的老式外形，却拒绝数字体系作为美的看不见的原因。

　　佩罗生活的时代，与路易十四相联系的帝国神话弥漫在整个社会政治等级结构之中，佩罗信奉从经典时期生发出来的结构和装饰观念也就不足为奇了。他从未质疑古典柱式自身的正确性，而对于它们在建筑学实践中的基本作用，他也表现出了接受态度。他甚至试图通过宣布，他的新比例体系只是最小限度地修订了一些细节，"对于建筑的整体美并不要紧"[61]，来论证其正当性。"我会承认"，他写道，"我确实没有创造新的比例关系，但这恰恰是我感到自豪的。"[62]佩罗使用他所偏爱的那个关于人脸的类比，强调了确切的比例关系对于一个面容可能带给我们的吸引力或魅力没有必然联系。[63]佩罗并不打算否认现实，一座优美建筑的意义，对于我们有无可置疑的吸引力，确实类似于一张迷人的脸庞。但在他的理论中，数学推论早已越过了其疆界，试图去说明只有用神话时代会话时的传统术语才能表达出来的现实体验。于是我们就能理解这许多的矛盾——在佩罗那依然传统的世界背景下，它们变得愈发显眼——并预言了现代建筑学的许多问题。

[29]　　另一个矛盾是佩罗不断使用古代权威来证明自己理论的正当性。他甚至断言自己的比例体系，作为一种最理性的体系，正是原来维特鲁威所建议的类型。[64]佩罗宣称，这种古代的比例体系，基于整数并容易记忆，只是因为它没有碰巧符合古代遗迹和古代制品，就被现代的建筑师抛弃了。值得注意的是，他指责这种联系的缺乏是工艺上的粗枝大叶造成的，再次假定在理性的理论和建筑实践之间可能有一种工具性的、一对一的关系，并贯穿整个历史。[65]

佩罗从未质疑对于古典柱式的传统的和带修饰性的运用。但必须强调在 17 世纪晚期，对于建筑学意义的感悟一般并不按其风格上的一致性来领会。佩罗使用了"哥特柱式"（Gothic Order）这一术语来描述波尔多（Bordeaux）的一座教堂，并承认法国的趣味有些哥特倾向，不同于古代："我们喜爱通风，光照和独立结构的品质。"[66]佩罗关于双柱的"第六种柱式"反映了这种趣味，以及对新古典主义的期待态度（图 15）。而且在法国和英国，许多与佩罗同代的人，包括他的上下两代人，都准备承认和欣赏替代性的装饰体系，譬如哥特风格或中国风。于是在风格和形式问题之外，支配一件作品的一致性和意义的东西，首先就是存在无形的数学特性（*mathesis*，一个当前与将来之间的本体连续性的数学比例象征），它确保了建筑作为表现，以及作为模仿艺术的作用。按照这种观点，佩罗的比例理论所暗含的激进的颠覆性

图 15　卢浮宫柱廊，双柱细部

引自皮埃尔·帕特（Pierre Patte），《重要建筑的构件萃集》
（*Mémoires sur les objets les plus importans de l'architecture*）。

圣莫尼卡，盖蒂中心人文与艺术历史研究部提供

就更加容易理解了。现代建筑起源的问题，不仅仅是一个评估古典柱式使用或遭到拒绝的范围或程度问题。

在某种意义上，夏尔·佩罗比他的兄长采取了甚至更加极端的立场。夏尔在他的《比较》里肯定了古典建筑的形式和装饰的历史相对性，他在批评中提出，古代的装饰和语言里的修辞格特点相同[67]，而这正是所有建筑必须使用装饰的缘由。一个建筑师的优点不在于他如何运用柱子、壁柱或檐口的能力，而在于"为了构成美的建筑而就这些元素的安排作出良好判断"。实际的装饰形式"可能是完全不同的……却丝毫不减其愉悦，如果我们的眼睛同样习惯这种形式的话。"[68]夏尔·佩罗似乎准备宣布，在某个给定的装饰体系的各个元素之中，美唯独从形式或句法关系中生发出来。在《规制》一书中，克洛德·佩罗呼应了这一立场，并提到在决定"不同柱式特点"的时候，"娴熟地安排各个元素"的重要性。[69]虽然佩罗兄弟始终没有将这一讨论推进到其不可避免的结论，将意义导向纯粹的可见外观和纯美学，他们却为未来的19世纪建筑师质疑建筑学的传统象征作用打开了一条道路，他们将使意义和美的问题与形式"构成"达到平衡。

[30]

佩罗兄弟对他们所处时代的历史优越性具有十足的信心。[70]克洛德·佩罗在自己翻译的维特鲁威的《建筑十书》前言里，将路易十四时代与罗马帝国神话般的成就相媲美。建筑学必须按照古罗马原型进行构思。佩罗特别钦慕帝国时代罗马的辉煌和富饶。他相信现代建筑必须找回那个古老时代的恢宏。这种理想，以及佩罗关于理论对建造的绝对必要性的信念，促使他翻译并评注了维特鲁威的论著，这本书当时没有可用的法文版本（图16）。[71]佩罗相信，对于建

LES DIX LIVRES
D'ARCHITECTURE
DE VITRUVE.
LIVRE PREMIER.
PREFACE.

ORSQUE je confidere, ¹ Seigneur, que par la force de voftre divin genie vous vous eftes rendu maiftre de l'Univers, que voftre valeur invincible en terraffant vos ennemis, & couvrant de gloire ceux qui font fous voftre Empire, vous fait recevoir les hommages de toutes les nations de la terre, & que le peuple Romain & le Senat fondent l'affurance de la tranquillité dont ils joüiffent fur la feule fageffe de voftre gouvernement, je doute fi je dois vous prefenter cet ouvrage d'Architecture. Car bien que je l'aye acheve avec un tres-grand travail en m'efforçant par de longues meditations de rendre cette matiere intelligible, je crains qu'avec un tel prefent je ne laiffe pas de vous eftre importun, en vous interrompant mal-à-propos dans vos grandes occupations.

Toutefois lorfque je fais reflexion fur la grande eftenduë de voftre efprit, dont les foins ne fe bornent pas à ce qui regarde les affaires les plus importantes de l'Eftat, mais qui defcend jufqu'aux moindres utilitez que le public peut recevoir de la bonne maniere de baftir, & quand je remarque que non content de rendre la ville de Rome maitreffe de tant de Provinces que vous luy foumettez, vous la rendez encore admirable par l'excellente ftructure de fes grands Baftimens, & que vous voulez que leur magnificence egale la majefté de voftre Empire ; je crois que je ne dois pas differer plus long-temps à vous faire voir ce que j'ay écrit fur ce fujet, efperant que cette profeffion qui m'a mis autrefois en quelque confideration auprés de l'Empereur voftre pere, m'obtiendra de vous une pareille faveur, de mefme que je fens que l'extreme paffion que j'eus pour fon fervice, fe renouvelle en moy pour voftre augufte perfonne, depuis que vous luy avez fuccedé à l'Empire, & qu'il a efté receu parmy les Immortels : Mais fur tout lorfque je vois qu'à la recommandation de la

1. SEIGNEUR, Il y a *Imperator Cæfar* dans le texte. Quelques-uns doutent quel eft l'Empereur à qui Vitruve dedie fon Livre, parce qu'il n'y a point d'adreffe dans les anciens exemplaires qui nomme Augufte, Philander eftant le premier qui a intitulé cet ouvrage *M. Vitruvii Pollionis de Architectura lib. X. ad Cæfarem Auguftum.* Ce n'eft pas reanmoins fans fondement que l'on croit qu'Augufte eft l'Empereur à qui cette Preface eft addreffée de mefme que celles de tous les autres livres : Car il y a pour cela des conjectures que l'on peut tirer de plufieurs particularitez qui font dans cet ouvrage ; comme entre autres lors qu'au 3. chap. du 9. liv. Vitruve parle des plus celebres auteurs Romains, & faifant le denombrement des grands Poëtes, il fait mention feulement d'Ennius de Pacuvius & de Lucrece. Mais il y a un endroit qui marque plus precifément le temps auquel Vitruve a vécu, c'eft au 4. chap. du 8. liv. où il parle d'une converfation qu'il eut avec C. Julius fils de Mafiniffa ; car on fçait que Mafiniffa a vécu fi long-temps avant Augufte, qu'il faut que Vitruve fuft déja bien âgé quand il a écrit ce livre, pour avoir veu le fils de Mafiniffa, quand mefme ce fils auroit efté celuy qu'il nafquit fon pere ayant 92. ans au rapport de Florus.

A

图16 序言首页。引自维特鲁威, 《维特鲁威的建筑十书》
(Les dix livres d'architecture de Vitruve)

佩罗翻译, 巴黎: Jean Baptiste Coignard, 1673 年, 第一书。

圣莫尼卡, 盖蒂中心人文与艺术历史研究部提供筑学"最初规则"的无知，对它的复兴是一个巨大障碍。

佩罗意识到，维特鲁威所确立的规范只是许多可能性中的一个。他指出，这位罗马建筑师身上被赋予的权威性，不应该基于一种人们对于古代成就的盲目尊崇，可是又需要有规范："美的基础不是别的，正是想象……（因此）也必须建立规范，形成和纠正（我们每个人都拥有的对于完美的）观念。"[72]佩罗确信规范很有必要，倘若自然没有为某个学科提出规范，那么人类机构就有责任来提出它们。"而为此目的，只要确实有理由，就应当就某个权威达成一致意见。"[73]

如果佩罗不认为这是建筑学规范的最初源泉，而且"这位优秀作者的规矩……对于指导所有想要在建筑这门艺术领域里达到完美的人是绝对必需的"[74]，他当然不会接手翻译和评注维特鲁威的无穷使命。佩罗宣布，特别是在那些转瞬即逝的建筑里面，诸如"在绘画、雕塑里面，或在剧院、芭蕾、马上比武（tournament）① 以及皇家游行的布景里面……这些具有历史意义的表达"，应当遵循前人，严格运用柱式。[75]另一方面，在实用的"现代"建筑中，亦步亦趋地模仿古代则是不必要的。

[32] 行文至此，还要提到佩罗受到的另一种影响，这对理解他作品中的许多矛盾十分重要。1659 年，一位在皇港（Port-Royal）② 传授哲学和文学的詹森主义者（Jansenist）皮埃尔·尼古拉（Pierre Nicole）③，撰写了一篇小论文，标题为"论真的美和假的美"（Traité

---

① 马上比武，一种中世纪的军事运动，两组骑在马上戴有盔甲的武士用钝长矛和剑互相格斗。——译者注
② 皇港，法国一个修道院的名称。——译者注
③ 皮埃尔·尼古拉，1625—1695 年。——译者注

de la vrai et de la fausse beauté）。[76]皮埃尔·尼古拉是佩罗家族的一个
朋友，尽管这篇文章是以拉丁文写就的，在 18 世纪之前并没有被译
成法文，但克洛德·佩罗很可能读过皮埃尔·尼古拉的原著版本。[77]
这本书的一大半专门论证了美的偶然性，涉及"第一印象"、机遇和
习俗。皮埃尔·尼古拉认为，理智，而非愉悦，应该被当作美的标
准，以便超越潜在的主观判断。皮埃尔·尼古拉在文末写到，"不存
在一个差到对任何人来说都不喜欢的东西，也没有任何一样东西会
完美到人见人爱。"[78]

皮埃尔·尼古拉也是安托万·阿尔诺（Antoine Arnauld）① 的亲
密合作者，可以料想，他的体系中设置了一个神学的维度作为美学
意义的最终源泉。在皮埃尔·尼古拉看来，美绝不仅仅就像在佩罗
的著作中变得更加明了的那样，是一个"客观可见性"的问题，而
是既归属于"事物的性质"，也归为"人的性质"。皮埃尔·尼古拉
在一种几乎中世纪的意义上，设想了一个美的观念，它依赖于主观
与客观之间的关系。于是，尽管他认为美不是"瞬息万变"的，而
是适合于"所有时代的鉴赏力"，并基于自然的终极神性，皮埃尔·
尼古拉也还是承认了偶然性，鼓励著书立说者去"适应当时的鉴赏力"
而不是在工作中期待获得不朽。他感到，由于人类心灵的固有弱点，
同样的事物不会总是讨人喜欢，因此就需要改变。他特别提到了音乐
和文学，为不和谐音、隐喻和创新进行了辩护，将其论证为是驱散乏
味的手段。皮埃尔·尼古拉由此试图适应主观主义的潮流，这股潮流
已经开始与在笛卡儿哲学的苏醒中对于艺术问题的反思分庭抗礼了。

_____

① 安托万·阿尔诺，1612—1694 年，法国神学家、逻辑学家、哲学家。——译者注

在佩罗对于绝对美和任意美的观念中，在他对于理智的创新和"审慎的破格"的强调中，可以看到他对于这位詹森主义者举棋不定的立场的回应。然而，我们必须记得佩罗曾经宣言强调，与音乐中不同，建筑里面没有什么自然的美依赖于数学的和谐，也因此应由人类来建立法则。就这样，建筑的美以一种比在文学或音乐中激烈得多的方式，被看成是独立于超验的预设。尼古拉自己抗拒主观主义的尝试最终并不成功，他对于美的偶然性的叙述，最终对他所试图保持的精神性起了反对作用。佩罗也许是从他那里获取了那些论点，它们更加接近佩罗自己使建筑理论和科学思想同化的做法。

如上所述，佩罗相信，虽然比例的法则是从习俗中产生的，在这方面，过去没有任何作者有着足够的权威，但是它们对于优秀的建筑是绝对必要的。正是在这一点上，佩罗态度中最能揭示问题的矛盾出现了。他和维特鲁威一样，相信比例关系对于区分柱式的意义要比"决定它们特点的各部分形状"更加重要。[79] 相应地，对于这些理性法则的通晓就成了基础性问题，因为它塑造了建筑师的鉴赏力。[80] 按照佩罗的定义，"绝对的美"（positive beauty）是可见的，而恰恰也是由于这个原因，它才能够被任何拥有最少常识的人分辨出来。区分丰富和贫乏、工艺精湛和粗制滥造的建筑，是再容易不过的事。[81] 可是要想成功做出设计，建筑师就必须知道支配"任意的美"（arbitrary beauty）的精妙法则，而正是这种知识，使他有别于外行。虽然比例可能是任意的——通过习俗和运用来确立——而且，虽然它并不一定导向绝对的美，但它对实践中的建筑师依然至关重要。这种从习俗引申出来的一致性或共同意见，为佩罗保留了一个绝对的参照框架。这种歧义，始终没有被大多数 18 世纪的建筑师和理论家所完全理解，却在佩罗那里得到了清晰的阐释——在佩罗的维特鲁威译本的一条脚注中，佩罗断言习俗拥有足够的力量，可以使人相信一些建筑比例关系"会自然地得到认可和喜爱"。[82]他解释说是因为它们与音乐的和谐相一致，这些比例过去曾经是，而且现在还仍然是被大多数建筑师所认为具有绝对的美的。

这样一来，在佩罗试图使比例问题变得工具化和非神秘化的颇为吃力的论述中，尺寸关系在这样的上下文中显得有些自相矛盾，并最终归结为建筑实践中的绝对美。但是，这一次还只是通过某种与智力相关的机制来实现的。因此，我们可以得出结论说，佩罗是第一位对于相信意义是通过感觉直接显现出来的那种传统认识提出质疑的建筑师，那种认识认为基于感觉之上的原初尺寸在设计者与观察者的具体经验之间纠缠不清。由于缺乏某种先验的证据，他与皮埃尔·尼古拉的立场彼此相左。然而，他对于建筑价值的联想性的、观念性的解释，以及他对于感知的理解都已经在呼唤现代心理 ［34］学：视觉、触觉和听觉是彼此分离的现象——外在并列（*partes extra partes*）——只是在心中才被综合为一体。

因为维特鲁威的著作被认为阐明的是古典建筑的可见部分，佩罗借用了这位罗马人的权威性，并试图回避其理论的种种矛盾。可是比例关系，这个关于美的至关重要的不可见原因（在音乐里显然也起作用），与佩罗科学思想里的任何其他概念性的解释体系一样，变得具有相对性。最终，正如本文所提示的那样，佩罗理论的最关键和最具争议的部分，正是这种对于建筑"现象"的割裂，而这种做法将在 19 世纪和 20 世纪的建筑学实践里才被当作理所当然。

总而言之，佩罗似乎理解了数学特性（mathesis）对于建筑的重要性。但是，他意识到了科学革命及其蕴藏的意义，并赋予数字一个截然不同的使命，把它当作一个操作手段，一个精准的工具，来简化设计过程，并避免实践中的无规律性。虽然佩罗对于这个问题的理解，最终起源于仍旧风行的传统信仰，即比例关系作为美学价值的精华，是与维特鲁威的"美观"（即 venustas）直接相关的，他的这种联想论诠释有效地创造了一种可能性，使得美自身可以成为一种主观的、美学的问题。[83]有趣的是，佩罗对各种柱式的比例关系和那些"比例关系具有极端重要性的领域像军事建筑、制造机械等所要求的比例关系"，进行了明确的区分。[84]尽管在无损于建筑的总体形象时，柱式的细部尺寸可以改变，要塞工事的防御线或者杠杆的尺寸则必须绝对固定，才能正常操作。这里，佩罗将推测性的理由和观察得来的现象截然分开。在这一点上，他的主张与布隆代尔产生了尖锐的争执。

　　布隆代尔和佩罗一样，也会承认一些建筑要素的多变，譬如柱头，在他眼里，并不是源于自然的，它们之所以令人愉悦则有赖于习俗。但是布隆代尔始终相信，数字和几何这些大自然的控制原则和拥有身体的人类，连接着创造性的两头，因此，构成了绝对的美的原因："外在装饰并不构成美。缺少比例关系，美无法存在。"[85]当它们由几何和比例关系来确定时，即便是哥特式建筑也可以很美。依靠这种将世界当作人类身体投影的传统认知，布隆代尔坚持几何学和比例关系作为超验的实体，确保了最高级的建筑学意义，并独立于装饰或风格的特殊性。他争辩道，永恒不变的几何学和数学确保了建筑学各个层次上的[35]真与美。通过将人类对于世界的直接感知同绝对的价值联系起来，几何学和数学成为一种确保建筑学基本象征作用的工具。

正如我们所见，佩罗相信建筑学的比例关系体系并不是"真理"而仅仅是"可能"。而布隆代尔则坚持尽管它是无形的，数字却是美的源泉："尽管对于比例关系的确没有什么令人信服的论证，同样肯定的是也没有什么定论性的证据反对它们。"[86]布隆代尔在他的《建筑学教程》里专门列出一章，用科学方法来证实自己的信念，试图确证比例是美的"原因"，而且人们将发现这个原因是天然的。他使用了机械力学和光学里的著名物理学现象作为例子，展示了具有数学性质的无形原因（例如合力、杠杆的尺寸，以及反射和折射中的入射角的角度）是如何证明和解释现实世界发生的效应。将他的观察运用到建筑学上，他通过"经验"展示了在美的建筑中存在而在丑的作品中找不到的比例关系。他感到自己对于比例关系作为美的原因的断言，不应当引起惊讶："建筑学，作为数学的一部分，应当具有稳定持久的原理，这样一来，通过学习和思索，就有可能推导出无限的结果和对建造有用的规则。"[87]

布隆代尔没能在建筑学的比例关系和光学、机械力学的数学法则之间作出区分。在这两个例子里，不变的法则是从"归纳和经验"中生发出来的。他也没能对技术考虑所要求的建筑比例和那些由于美学考虑而产生的比例加以区别。这种"混淆"弥漫在传统的建筑实践之中，并使得其含义可以运用传统的欧洲哲学术语加以表达，最终恰恰是被佩罗的原型实证主义所驱散；对于"科学的"明晰性的观念由此成为争论的核心，科学逻辑代替了传统的神学会话。布隆代尔看得很清楚，佩罗的立场等于是在质疑建筑学的形而上学的合理性。布隆代尔相信，建筑学不可能没有绝对的原则。他反复强调，假使人类的智慧在建筑中不能发现稳定和亘古不变的原则，它将受到严重影响。没有这些原则，人类将没有统一感，并过上一种不安的和痛苦的生活。布隆代尔对于现代相对主义的超前诊断确实如同预言。

[36]　　一言以蔽之，佩罗的理论旨在提供一套完美的、理性的规则，其目标是可以简单和直接地应用。《古代方法之后的五种柱式规制》这个标题本身就有一种立法的弦外之音。"规制"（ordinance）这个词，最初是指上帝的旨意或关于命运的指令，在 17 世纪晚期则被用来为合理的法令命名，这些法令在路易十四的统治之下，掌管着人们的生计。建筑理论获得了人类法律的地位，这是在绝对的、自然的或神圣的原则缺失的情况下唯一的可能。如果和中世纪晚期法语的更具传统意义的"规制"（*ordonnance*）一词联系起来的话，这个标题的词源将变得格外耐人寻味，它在当时意味着文学和风格的一致；甚至在现代英文中，这个词还标示着对于各个部分的正确安排，譬如在一幅画当中，以求得最佳的效果。虽然，如前文所述，在佩罗的时代，古典建筑的问题尚未被当作纯粹的"风格"形式问题来认识，他的题目也预示了 19 世纪建筑史的缩影、"惯用的"形式风格的集成，以及早先建筑的类型学。[88]

　　佩罗自己并没有继续追寻这一问题。他没有试图将人类的行为或者房屋结构的稳定性加以数学化。可是他的确开辟了一条累进式建筑学及其理论的道路，最终将把建筑学的创造简化为复杂方程的求解，无论它是如何的包罗万象或搭建得多么巧妙。从佩罗以后，"进步"的思想成为无休止地把建筑学简化为数学推理的同义词，甚至持有如此明显的矛盾态度，比如，一方面是美学上的形式主义，另一方面，更加露骨的，是结构决定论或功能主义。

通过数字和几何有效地支配事物，这种技术梦想只是在工业革命之后才成为现实。但是一旦哲学在17世纪末叶剥去了自身的一些象征性内涵，新的观念就将逐渐进入佩罗的比例体系所处的建筑学领域。佩罗的体系被当作和理性自身一样完美、普遍，它设想理论和实践之间有一对一的"天然"关系。

佩罗的理论著作帮助打断了可见世界和无形世界之间，价值体验及其判断之间，信仰和理性之间，微观宇宙（现今是一个毫无生气的东西而不再是生发喷涌的自然，即 *physis*）和宏观宇宙之间（现今是一个思考的机器，或 *res cogitans*）的联系。简单地说，通过变换，理论的实质已经从一种形而上学的观念——即先于实践的阐释和说明，变成一种用来控制和优化建筑过程的理性工具，而"合理"地忽略掉原先设计中的诗情画意。这样，通过将理论转换为方法或应用技术，他将建筑学推进到了现代世界。

[37]

尽管在此无法勾勒佩罗理论的结果[89]，却十分有必要强调一下，他的立场所隐含的真正意义在充满着神学和牛顿自然哲学的18世纪是难以理解的。[90]建筑师和著书立说者几乎总是采纳布隆代尔的观点，即把比例关系作为建筑意义的源泉的重要价值。只有让－尼古拉－路易·迪朗（Jean-Nicolas-Louis Durand）才能完全理解佩罗理论的后果，并在他1802—1805年的《简明建筑学课程》（*Précis des leçons d'architecture*）中欣然接受，这本书大概是19世纪最有影响力的建筑学课本。[91]现代运动中的建筑师普遍汲取了这一理论蕴含的技术价值。

从我们的视角来看，把握佩罗的理论立场，把握其复杂性和矛盾性，能让我们洞悉藏在建筑学领域的贫乏苍白背后的种种原因；这些原因有助于解释当代人的信仰缺失，他们对当前规则形式的存在意义失去了信心。这已经导致了怀疑主义的立场，这种立场在当今大部分的建筑学实践中比比皆是，而且，也许更值得注意的是，看来无法对政治性的与象征性的，或创造性的建造任务进行协调。虽然现在人们都认识到由于自身原因之理解上的局限，在某种神话式叙述缺失的情况下，那种表面上能够做到的颇富意义的操作，至少是与19世纪早期的实证主义同样古老的，而集体社会仍然是在一种假想的与佩罗的理论相联系的前提下运行的确是一种幻觉。社会普遍期待通过一种对笛卡儿思想的理性认同，来突显其意义。谈到技术和工具性，后者大概是与民主和自由经济联系的唯一价值，后工业城市里的建筑，通常是建筑师的作品，却经常揭示出一种可悲的目的空虚。这些居民仍是被动的消费者或偷窥者，而不是秩序的真正参与者，真正地参与秩序会使他或她，通过一种归属感而超脱于个人的生死。

甚而在最近，建筑理论在解构主义话题影响之下，也倾向于否定意义基础的可能性，虽然，这一基础一定是内在的和经验性的——并因此不可能用绝对性术语加以描述——却可能会容许艺术和建筑体现存在和真理的轨迹，并在20世纪落幕之时，继续为人类提供存在主义的导引作用。这与其说是现实中某种消极的形式主义的结果，或是在佩罗对超自然价值的质疑中已经开始了的对民族性关注的否[38]定，以及对现代理论持虚无主义态度的结果，莫如说一定是"反结构的"，非简单怀旧式否定的，或虚假超越的结果。这样一种操作本身就可能为一个充分现实化的建筑学打开新的前景，这是一个可以承担古老的表达（亦即发现某种可识别的形式）人类居所秩序之任务的建筑学。而人类居所则是人类在一个暂时的世界所寻求的永久性和连续性的梦想，而今这种建筑学已经不再被包括在佩罗以科学的"宏大叙事"而表述的线性发展的历史之中了。

我们需要的正是对建筑师的任务形成一种新的理解，重新定义理论和实践，重新定义在技术世界中想和做的关系。很显然，此刻对于佩罗著作的仔细研究——特别是《古代方法之后的五种柱式规制》的前言、下篇的第七章和第八章，它们分别讨论了视觉校正和"变体"——把它放入佩罗其他著作和科学兴趣的上下文里面，对任何真正了解现存可能性和当代建筑的局限性有兴趣的建筑师，或历史学家来说，都是至关重要的。建筑学的这样一种未来，既能够将其古老的尺度作为诗意的景象和政治现实加以协调，因而也能够在远离专制与无政府状态的情况下存在于我们的城市中，这样一种未来，依赖于早在佩罗的著作中就已经揭示了的那种两难困境的解决方案。

注 释

1 马库斯·维特鲁威·帕里奥［（Marcus）Vitruvius（Pollio）］，《维特鲁威的建筑十书》（*Les dix livres d'arehitecture de Vitruve*），克洛德·佩罗译（trans. Claude Perrault. Paris：Jean Baptiste Coignard，1673；2nd ed. ，revised and enlarged，1684）。

2 克洛德·佩罗（Claude Perrault），《古代方法之后的五种柱式规制》（*Ordonnance des cinq espèces de colonnes selon la méthode des Anciens*. Paris：Jean Baptiste Coignard，1683）。

3 15 世纪，随着建筑理论话题的明确，它渐渐成为一门学科。在文艺复兴的众多著述中，建筑学本体论的基础通常是数学的，即，它基于设计（*disegno*）中呈现的数字比例关系。人们相信比例关系揭示了建成作品里的超验秩序（transcendental order）。

4 参阅乔治·古斯多夫（Georges Gusdorf），《人文科学的起源》（*Les origines des sciences humaines*. Paris：Payor，1967）。

5　幸运的是，一些欧洲和北美的优秀院校和建筑师正在挑战这种立场。但我声明，这是就建筑实践和教育的总体情形而言的。通常，即便是出于善意的建筑师也不能以一种批判的态度去面对他们的"技术"（*techne*）。例如，系统制图的单纯运用不是中性的，而且技术本身是承担价值的，体会不到这些东西，会阻碍建筑学从一种工具化理论的确定性参数中超越出来。

[39]　6　克洛德·佩罗（Claude Perrault），《论建筑五柱式》（*A Treatise of the Five Orders of Columns in Architecture*），约翰·詹姆斯译（trans. John James. London：J. Sturt, 1708；London：J. Senex, 1722）。

7　沃尔夫冈·赫尔曼（Wolfgang Herrmann），《克洛德·佩罗的理论》（*The Theory of Claude Perrault*. London：A. Zwemmer, 1973）；约瑟夫·里克沃特（Joseph Rykwert），《初露端倪的现代》（*The First Moderns*. Cambridge, Mass.：MIT Press, 1980）；安托万·毕康（Antoine Picon），《克洛德·佩罗，1613—1688 年，经典之妙》（*Claude Perrault*, 1613—1688；*ou, La curiosité d'un classique*. Paris：Picard, 1989）。另参阅阿尔贝托·佩雷 – 戈梅（Alberto Pérez-Gómez），《建筑学与现代科学的危机》（*Architecture and the Crisis of Modern Science*. Cambridge, Mass.：MIT Press, 1983），第一章。

8　参阅阿尔贝托·佩雷 – 戈梅（Pérez-Gómez, 详见注释 7），第一章。

9　对克洛德·佩罗的生平、作品以及《古代方法之后的五种柱式规制》一书最详尽的探讨，参阅赫尔曼（Wolfgang Herrmann, 详见注释 7）和毕康（Antoine Picon, 详见注释 7）。

10　中世纪，人们认为《圣经》和亚里士多德（Aristotle）的著作里包含真理。这个问题含在本书的解释里面。文艺复兴时期，作为素材的文本数目陡增。16 世纪，哲学家和数学家，比如西蒙·斯蒂文（Simon Stevin），达尼埃莱·巴尔巴罗（Daniele Barbaro），彼得·拉米斯（Petrus Ramus，又名 Pierre de la Ramée，1515—1572 年，法国人文主义者，哲学家、逻辑学家，修辞学家，教育改革者——译者注）似乎意识到，单枪匹马式的奋斗并不能让科学达到完美。但是，文艺复兴的科学由一种封闭的知识体系所组成，建立在一种对于神话历史的崇拜之上。参阅乔治·古斯多夫（Georges Gusdorf），《从科学史到思想史》（*De l'histoire des sciences à l'histoire de la pensée*. Paris：

63

Payor，1966）；保罗·罗西（Paolo Rossi），《早期现代的哲学，技术与艺术》（*Philoso-phy*，*Technology and the Arts in the Early Modern Era. New York*：Harper & Row，1970）。

11 参阅乔治·古斯多夫（Georges Gusdorf），《伽利略的革命》（*La revolution galiléenne.* Paris：Payor，1960），第一卷：第二部分，第1章。

12 参阅保罗·罗西（Paolo Rossi，详见注释10），第二章。

13 人们知道，从文艺复兴开始，建筑师和画家就一直对于在他们的作品中揭示人类城市的几何秩序抱有兴趣。这种秩序在一种亚里士多德学派宇宙的语境下具有清晰的本体论意义。比例关系的和谐与带透视纵深感的表现，与宇宙的数学结构呼应，并以马斯利奥·费奇诺（Marsilio Ficino，1433—1499年，文艺复兴时期佛罗伦萨新柏拉图哲学家——译者注）和其他作者笔下那种意义上的天堂里井然有序的生活，来获得慰藉，类似神奇的护身符。然而，空间和透视的"概念"，作为一种控制物质的、"建成的"实体的建筑理念，只能出现在17世纪，那是科学革命和笛卡儿的二元实体概念，以及它所面临的"思维实体"（*res cogitans*）和"广延实体"（*res extensa*）之后的事情。参阅阿尔贝托·佩雷-戈梅（Pérez-Gómez，详见注释7），第五章。

14 约瑟夫·路易·弗朗索瓦·贝特朗（J. L. F. Bertrand，1822—1900年，法国数学家——译者注），《1666—1793年的科学院与会员》（*L'Académie des sciences et les académiciens de 1666 à 1793.* Paris：J. Hetzel，1869）。

15 参阅安托万·亚当（Antoine Adam），《庄严和虚幻》（*Grandeur and Illusion.* Middlesex：Penguin，1974），第158—164页。

16 我参考的是以下版本：夏尔·佩罗（Charles Perrault），《古今之比较》（*Parallèle des Anciens et des Modernes.* 2nd. ed. Paris：Jean Baptiste Coignard，1692—1696）。

17 笛卡儿的一份传记载于：夏尔·佩罗，《本世纪法国名人》（*Les hommes illustres qui ont paru en France pendant ce siècle.* Paris：Antoine Dezallier，1696），他的评论在《古今之比较》（*Parallèle*，详见注释16）一书中表达得一清二楚，第一卷：第47页。

18 我参考的是以下版本：笛卡儿，《哲学原理》（*Les principes de la philosophie*，4th ed. Paris：Veuve Bobin，1681）。   [40]

19　同上，第 53 页。

20　参阅乔治·古斯多夫（Gusdorf，详见注释 11），第一卷：第一部分，第一章。

21　夏尔·佩罗（Charles Perrault，详见注释 16），第 4 卷：第 46 – 59 页：
"*L'homme... n'a nullproportion et nulle liason avec ces grands corps infiniment éloignez de nous.*"

22　人们还记得，在 1570—1630 年这段交接的时期，大约 5 万名妇女因被指控为巫女而被绑在火刑柱上烧死。除了其中内在的社会学意义之外，这种暴行是巫术和科学相混淆的后果，它可以联系到文艺复兴时期所发现的，人类将内心世界和外部现实相互转化的那种力量。迟至 1672 年，科尔贝才通过了一项法令，规定这种指控行为是违法的。巫术和对奇异事情的信任度在 17 世纪晚期陡然衰落，与自然哲学中经验主义的兴盛此消彼长。在传统的宇宙观里，天使与魔鬼的知觉是一种"真正错觉"，在那里，现实的每一个方面都与超验的秩序有关系。魔术与法术和宗教生活的本质有关系。旧的宇宙秩序与机器世界的新画卷相交接的时期最受争议，巫婆的疯狂显然和这段时期有关系。

23　法国皇家科学院的著名资深历史学家丰特奈尔（Bernard Le Bovier de Fontenelle，1657—1757 年）也持有这种观点。丰特奈尔对笛卡儿的宇宙哲学和牛顿的自然哲学的拒绝，清晰地表明了这一时期的原实证主义认识论（protopositivistic epistemology）。参阅丰特奈尔，"古今的题外话"（Digression sur les Anciens et les Modernes），载：《著作集》（*Oeuvres*. Paris：1767），第 4 卷：第 170 页，第 190 页。

24　克洛德·佩罗（详见注释 2），第 xvi 页。

25　弗朗索瓦·布隆代尔（François Blondel），《建筑学教程》（*Cours d'architecture*. Paris：François Blondel，1698），第 168 – 173 页。

26　同上。

27　同上。

28　我参考的《物理论》（*Essais de physique*）版本，见于：克洛德·佩罗和尼古拉·佩罗（Nicolas Perrault），《物理学和机械论集》（*Oeuvres diverses de physique et de méchanique.*，2 卷本，Leiden：P. van der Aa，1721）。

29　同上，第一卷：第60页："*Car la veritè est, que l'amas de tous les Phenomenes, qui peuvent conduire à'quelque connoissance de ce, que la nature a voulu cacher...qu'un Enigme, dt qui l'on peut donner plusieurs explications; mais dont il n'y aura jamais aucune, qui soit la veritable.*"

30　参阅保罗·罗西（Paolo Rossi），《普世之钥》（*Clavis universalis.* Milan：Ricciardi，1960）。罗西才华横溢的研究追溯了这个观点的影响，从拉蒙·勒尔（Raymond Lull，1235—1316年，一位加泰罗尼亚的神秘主义者、炼金术士和百科全书编纂者——译者注）直到莱布尼茨（Gottfried Wilhelm Leibniz）。17世纪，逻辑被理解为宇宙实体的一把"钥匙"。普世的思想有赖于这把钥匙，它带来了一种对于现实的几何本质的直接解读。真实的世界和智慧的世界通过一种实质性的结构显示出了关联。

31　对于体系概念相对应的理解，也在法国皇家科学院和伦敦皇家学会中广泛讨论。　[41]

32　克洛德·佩罗和尼古拉·佩罗（详见注释28），第1卷，第60页。

33　克洛德·佩罗，《动物自然历史备忘录》（*Mémoires pour server à l'histoire naturelle des animaux.* Paris：Impr. Royale，1671），序言："*Il est certain que dans la premiére qui explique les Elemens, les Premieres Qualitez et les autres causes des Corps Naturels par des hypotheses qui n'ont point la pl? part d'autre fondement que la probabilité; l'on ne peut acquerir que des connoissances obscures et peu certaines.*"

34　克洛德·佩罗和尼古拉·佩罗（详见注释28），第1卷，第513页："*Que mes systemes nouveaux ne me plaisent pas assez par les trouver beaucoup meilleurs que d'autres, et que je ne les donne que pour nouveaux mais je demande en recompense qu'on m'accorde, que la nouveauté est presque tout ce que l'on peut pretendre darts la Physique, dont l'emploi principal est de chercher des choses non encore vaûè, et d'expliquer le moins real qu'il est possible les raisons de celles, qui n'ont point été aussi bien entendues qu'elles le peuvent être. Et ma pensêe est que cela se peut faire non seulment avec une entiere liberté de supposer tout ce que ne repugne point d des faits averez...mais...si les examples des celebres Philosophes peuvent donner quelque droit, qu'il est permis d'y employer les imaginations les plus bizarres...Car la verité est, que l'amas de tousles Phenomenes, qui peuvent conduire a quelque connoissance de ce, que la nature a voulu cachet, n'est a proprement parler qu'un Enigme, a qui l'on peut donner plusiers explications; mais dont il n'y aura jamais aucune qui soit la veritable.*"

35　参阅里克沃特（Rykwert，详见注释 7），第二章；赫尔曼（Herrmann，详见注释 7），第五章；佩雷－戈梅（Pérez-Gómez），详见注释 7，第二章。

36　维特鲁威，1684（详见注释 1），第 78 – 79 页，注释 16："*La principale objec-tion sur laquelle on appuye le plus est fondée sur un prejugé et sur la fausse supposition qu'il n'est pas permis de se departir des usages des anciens.*"

37　同上，"*il ne faudroit point chercher de nouveaux moyens pour acquerir les connois-sances qui nous manquent，et que nous acquerons tousles jours dans l'Agriculture，dans la Navi-gation，dans la Medicine，et dans les autres Arts.*"

38　在古典建筑里，伪双排柱式（pseudodipteral）布置中有一排柱实际上独立出来附于内殿；它不同于因省略了一排柱而给内殿周围留出宽敞通道的四周双列柱廊式（dipteral）布置。

39　在这方面，可以援引詹森主义美学对佩罗的一种可能影响，尤其是通过皮埃尔·尼古拉（Pierre Nicole）著作的影响。详见本书第 32 页

40　克洛德·佩罗（详见注释 2），第 124 页："*Sçavoir，que je n'entens point que les Paradoxes que j'ay avancez，soient considerez comme des opinions que je veuille soûtenir opiniatrément，estant prest de les abandonner，quand je seray mieux éclaircy de la verité，supposé que je me sois trompé.*"

41　同上，xxiv 页。

［42］　42　佩罗的名字总会出现在重要会议的备忘录里，但是在《会议记录》（*Procès-verbaux*）里面没有什么重要的内容列在他的名下；参阅亨利·勒蒙尼耶（Henry Lem-onnier）编辑，《皇家建筑学会会议记录 1671—1793 年》（*Procès-verbaux de l'Académie Royale d'Architecture*，1671—1793. 10 vols. Paris：J. Schemit，1911—1929）。

43　维尼奥拉（Giacomo da Vignola，1507—1573 年），帕拉第奥（Andrea Palla-dio，1508—1580 年）、斯卡莫齐（Vincenzo Scamozzi，1552—1616 年）都是意大利文艺复兴建筑师。

44　克洛德·佩罗（详见注释 2），上篇，第二章。

45　同上，第 xiii – xiv 页。

46　我参考的是以下版本：罗兰·弗雷亚特·德·尚布雷（Roland Fréart de Chambray），《古今建筑之比较》（*Parallèle de l'architecture antique avec la moderne. 2nd ed. Paris: C. Jambert, 1711*）。第一版出版于 1650 年，约翰·伊夫林（John Evelyn）翻译的英文版出现在 1664 年，题目是 *A Parallel of the Ancient Architecture with the Modern*（London: T. Roycroft for J. Place, 1664）。

47　克洛德·佩罗（详见注释 2），第 xiv 页。

48　同上，第 xx 页。

49　同上，第一部分，第二章。

50　同上，第 xvii 页。

51　参阅沃尔夫冈·赫尔曼（Wolfgang Herrmann），"克洛德·佩罗为'耶路撒冷神庙'所做的不知名的设计"（Unknown Designs for the 'Temple of Jerusalem' by Claude Perrault），载：道格拉斯·弗雷泽（Douglas Fraser），霍华德·希巴德（Howard Hibbard），米尔顿·J·莱文（Milton J. Lewine）编辑，《献给鲁道夫·威特克沃的建筑历史论文》（*Essays in the History of Architecture Presented to Rudolf Wittkower*. London: Phaidon, 1967）。

52　克洛德·佩罗（详见注释 2），第 xxx 页。

53　克洛德·佩罗（详见注释 2），第 xxii 页。

54　同上，x 页："*De maniere que ceux qui les premiers ont inventé ces proportions, n'ayant gueres eu d'autre regle que leur fantaisie, à mesure que cette fantaisie a changé, on a introduit de nouvelles proportions qui ont aussi plûa leur tour.*"

55　夏尔·佩罗（Charles Perrault，详见注释 16），第 1 卷，第 132 页。

56　克洛德·佩罗和尼古拉·佩罗（详见注释 28），第 2 卷，第 295 页及其后。

57　布隆代尔（详见注释 25），第 714 页及其后。

58　同上，第 721 页："*Et qu'enfin cela depend plus de la vivacité de l'esprit et du genie de l'Architecte que de regles que l'on en puisse donner.*"

59　克洛德·佩罗（详见注释 2），第 105 页：" *Cette exactitude du jugement de la* *vûë，& la certitude de la connoissance qu'il nous donne estant donc aussi precise qu'elle est，il* *n'y a pas beaucoup de difficulté à concevoir que l'éloignement des objets n'estant pas capable de* *tromper & de surprendre，ces proportions ne peuvent estre changées qu'on ne s'en apperçoive.* "

60　参阅欧文·帕诺夫斯基（Erwin Panofsky），《透视作为形式象征》（*La perspec-* *tive commeforme symbolique*. Paris：Les Editions de Minuit，1975）；小威廉·埃文斯（William Ivins，Jr.），《艺术和几何学》（*Art and Geometry*. Cambridge，Mass.：Harvard Univ. Press，1946）。

61　克洛德·佩罗（详见注释 2），第 xiv 页。

62　同上，xxi 页："*J'avoüeray que je n'ay point inventé de nouvelles proportions：mais* *c'est de cela que je me loüe.* "

[43]

63　同上，第 xvii 页。

64　同上，第 xvii – xvii 页。

65　同上，第 xvi – xxii 页。

66　参阅维特鲁威，1684 年（详见注释 1），第 79 页注释 16。较好地描述这一时期对于哥特式的兴趣，尤其是在法国的情形，参阅罗宾·米德尔顿（Robin Middle-ton），"德·科尔德穆瓦修道院修士和希腊 – 哥特式的理想：浪漫古典主义的先驱"（The Abbé de Cordemoy and the Graeco-Gothic Ideal：A Prelude to Romantic Classicism），《瓦尔堡和考陶尔德研究院学报 25 期》（*Journal of the Warburg and Courtauld Institutes* 25），1962 年；第 26 期，1963 年。

67　夏尔·佩罗（Charles Perrault，详见注释 16），第 1 卷，第 128 – 129 页。

68　同上，第 132 页："*n'est pas aussi d'employer des colonnes，des pilastres et de cor-* *niches mais de les placer avec jugement，et d'en composer de beaux edifices*" and "*pourroit estre* *toute differente de ce qu'elle est，et ne nous plaire pas moins，si nos yeux estoient également ac-* *coustumez.* "

69　克洛德·佩罗（详见注释 2），第 xxii 页："*La maniere de dérire agreablement les Contours & les Profils，& l'adresse de disposer avec raison toutes les parties quifont les caracteres des differens Ordres：ce qui est，ainsi qu'il a esti dit，la seconde pattie，laquelle estante jointe à la Proportion comprend tout ce qui appartient à la beauté de l'Architecture.*"

70　夏尔·佩罗认为他同代人出类拔萃，因而并不羡慕将来。参阅夏尔·佩罗（详见注释 16），第 1 卷，第 98 – 99 页。

71　在佩罗时代，唯一可以得到的维特鲁威著作译本是让·马丁（Jean Martin）翻译的《建筑，或建造的艺术》（*Architecture；ou，Art de bien bastir*. Paris：J. Gazeau，1547.），该版本的文本和插图都很不准。

72　克洛德·佩罗（详见注释 1），序言："*Car la beaute n'ayantguere d'autrefondement que la fantaisie... on a besoin de regles qui forment et qui rectifient cette Idée.*"

73　同上，"*et que pour cela on convienne d'une certaine autorité que tienne lieu de raison positive.*"

74　同上，"*les preceptes de cet excellent A uteur［Vitruvius］... étoient absolument necessaires pour conduire ceux qui desirent de se perfectionner dans cet Art.*"

75　克洛德·佩罗（详见注释 2），第 xxiv 页。

76　1659 年，这篇文章被作为一本拉丁文佳作集的导言而出版。1720 年有了法文译本。赫尔曼（Herrmann）和里克沃特（Rykwert）都把尼古拉的著作和佩罗相联系。对尼古拉立场的介绍，参见瓦迪斯瓦夫·塔塔尔凯维奇（Wladyslaw Tatarkiewicz，1886—1980 年，波兰思想史家——译者注），《美学历史》（*History of Aesthetics*），C·巴莱特（C. Barrett）编辑，3 卷本，The Hague：Mouton，1974 年，第 3 卷，第 363 – 365 页。

77　安托万·毕康（Antoine Picon）在他最近的书目里，强调了尼古拉和佩罗家族的紧密关系。而当关于对佩罗著作的可能影响的讨论迅速扩大时，他对这种关系的性质表示质疑。参阅毕康（详见注释 7）。

78　塔塔尔凯维奇（Tatarkiewicz，详见注释 76），第 3 卷，第 375 页："*Il n'y a rien d'assez mauvais pour n'être au goat de personne，et il n'y a rien d'assez parfait pour être au goût de tout le monde.*"

[44]   79   克洛德·佩罗（详见注释2），第一部分，第一章，第3页："*Ce quifait voir, que scion Vitruve, la proportion est plus essentielle pour determiner les Ordres, que ne sont les caracteres singuliers de la figure de leurs parties.*"

80   同上，第 xii 页。

81   同上。

82   维特鲁威，1684 年（详见注释1），第 79 页注释 16。

83   克洛德·佩罗（详见注释2），第 xv 页。

84   同上。

85   布隆代尔（Blondel，详见注释25），第 774 页："*La beauté produite par la proportion est convaincante parce qu'elle plaist a tous... Les proportions sont necessaires parce que toute la beauté petit quand les proportions essentielles sont changées.*"

86   同上，第 768 页："*S'il n'y a point de demonstration convaincante en faveur des proportions, il n'y en a point aussi de convaincantes au contraire.*"

87   同上，第 771 页："*Je ne voy pas que l'on doive s'étonner si je prononce hardiment que ce sont ces proportions qui sont la cause de la beauté et de l'elegance dans l'Architecture, et que l'on doit faire un principe stable et constant pour cette partie de Mathematique, afin que par l'étude et la meditation l'on puisse tirer dans la suite une infinité de consequences et de regles utiles à la construction des batimens.*"

88   对于这个书名的词源学思考，我要归功于译者英德拉·卡吉斯·麦凯文（Indra Kagis McEwen）。佩罗自己在提到民法条文（the rules of civil law）时说道，它"依赖于立法者的意志和国家的应允"，而不是依赖于一种对公平的"自然理解"。克洛德·佩罗（详见注释2），第 xiv 页。

89   对于这一点，参阅赫尔曼（Herrmann，详见注释7），第五章。赫尔曼书中特别有意义的部分是剖析了 17 和 18 世纪建筑学著述对佩罗理论的反馈情形。

90   参阅佩雷－戈梅（Pérez-Gómez，详见注释7），特别是第二章，第 8 页和第 9 页。

91 迪朗（Jean-Nicolas-Louis Durand），《简明建筑学课程》 （*Précis des leçons d'architecture.* Paris：Jean-Nicolas-Louis Durand，1802—1805 年）。

前　言

古人认为，给建筑带来美感的比例规则是基于人体比例的，这是有道理 [47]
的。正如大自然为从事体力劳作的躯体创造了与之相应的结实体格，却给那
些要求灵巧和机敏的工作赋予了更加轻盈的构造。在建造艺术中也是这样，
究竟是要厚重一些还是要秀气一些，不同的规则取决于不同的建造意图。于
是这些不同的比例关系和与之相宜的各种装饰便作成了各种不同的建筑柱式，
而那些要通过装饰的变化来加以分辨的特点[1]，则成为它们最显著的特征，但
最基本的区别却在于构件的相对尺寸。

　　这些柱式的相异之处基于它们的比例和特点，但并不严格，它们是建筑
学里唯一的既成事物。而所有其他一切关涉各个构成部分的严格测量或剖面
的精确轮廓的东西，对它们而言，却没有什么所有建筑师都同意的法则；每
个建筑师都试图促使这些构成元素达到完美，而这主要是通过比例关系来决
定。结果在那些知识渊博的人看来，许多建筑师通过不同的方法都达到了相
等程度的完美。这就表明一座建筑物的美就像人的身体，更多在于其形式的
优美，而精确不变的比例关系和构成部件的相对大小倒在其次，有时正是一
个没有严格遵守任何比例法则的可爱的形式变化，能造就无比的完美。一张
脸可以是丑的也可以很美，并不需要改变比例关系，因此比方说，当一个人
笑或者哭的时候，收缩眼睛和扩大嘴巴——面部特征的改变可以是相同的，
但其结果却可能是一个表情十分可爱，另一个令人不悦；然而，两张比例关
系相异的不同脸蛋却可能同样优美。同样，在建筑中，我们发现，拥有不同
比例关系的作品却都很美，并能够让那些知识渊博并且在建筑方面有良好品
位的人们发出同样的赞赏。

　　然而必须承认，尽管没有哪一种单独的比例关系对于某一张脸是必不可
少的，却依然存在一个标准，脸的比例关系不能够偏离它太远，否则就会毁
掉它的完美。与此相似，在建筑上，不仅有关于比例的总体法则，就像那些
我们已经谈到的将一种柱式与另一种柱式区别开来，也有具体细致的规则； [48]
而一旦脱离它们，就将很大程度上损害一座大厦的优雅。然而这些比例关系
却留下了足够的空间，让建筑师可以根据环境的变化和相应的要求自由地增
减不同构成元素的尺寸。正是这种优越性使得古人能够创造拥有异常优美的
比例关系的作品，像马塞卢斯剧院的多立克和爱奥尼式上楣，或尼禄竞技场
的大门立面[2]，都是按维特鲁威的法则所确定之它们所应有尺寸的一倍半。也
正是由于这一缘故，所有那些对于建筑学有所著述的人之间是彼此矛盾的，
其结果是在那些古代建筑废墟和许多与各种柱式的比例关系打过交道的建筑

师之间，我们既不能在两栋建筑之间，也不能在两位作者之间找到某种一以贯之的东西，因为没有一个是遵循着相同的规则的。

这表明了下面这些人的观点是多么毫无根据，他们认为比例关系应当是确定无疑，一成不变地保存在建筑物中，就像能够给和谐的音乐带来美妙和魅力的那些比例关系一样，这些比例并不依赖我们而是由大自然以其绝对不变的严谨造就的，一旦变化就会对哪怕最不敏感的耳朵造成直接的刺激。如果真是这样，那些没有真实和自然的比例的建筑作品，人们声称那种比例必然会被普通人的常识所谴责，至少会被那些最具洞察力和广博知识的人所谴责。于是，就像我们从未发现音乐家们会对和弦的正确性产生意见分歧那样，既然这种正确性拥有一种明显确实的美感，令官能欣然甚至必然地对其深信不疑，人们也应当会发现，对于能够使建筑物的比例关系完善起来的法则，建筑师会形成一致意见，特别是在经过不断重复的尝试之后，他们显然已经对能够达到这种完美的所有种种可能途径都进行了摸索。举例而言，多立克柱头的不同投影很容易就说明了这个问题。当柱子直径是 60 分的时候，莱昂·巴蒂斯塔·阿尔伯蒂（Leon Battista Alberti）的投影只有 2½ 分，斯卡莫齐（Scamozzi）是 5 分，塞利奥（Serlio）是 7½ 分；而马塞卢斯剧院（Theater of Marcellus）是 7¾ 分，维尼奥拉（Vignola）是 8 分，帕拉第奥（Palladio）是 9 分，德洛姆（Delorme）是 10 分，而罗马圆形大剧场则是 17 分。[3]这样一来，在大约两千年里，建筑师已经尝试了各种解决方案，其尺寸从 2½ - 17 分都用过，其中的一些人所用的投影是其他人的七倍，而这些建筑师，并不会因为其主导性的比例关系与他们可能会当作正确而且天然的比例来加以接受的比例关系之间存在差异，而感到慌乱不安。而假如这些比例关系中确实有一种是正确的和天然的，这样一种正确和天然的比例关系与那些莫名其妙、令人不快和带来快感的东西竟然会发生相同的效果，这些建筑师应该会因此而感到一些慌乱。

[49]　　但是，我们不能声称这些建筑的比例关系所带来的视觉愉悦是由于未知的理由，或是由于它们给人留下的那些关于自己的印象的方式与音乐相同，它们确实给人留下了这些印象，就像和谐的乐声影响了耳朵，我们却并不知道耳朵与和谐的乐声发生和谐的缘由。和谐在于通过我们的耳朵所获取的对于两根弦的比例关系的效果的意识，它与通过我们的眼睛所获取的关于构成一座柱子的各个部分的比例关系的效果知识不同。因为，如果说我们的耳朵、心灵（esprit）能够在内心不了解这种比例关系的情况下，被两根弦的比例关系所造成的效果所打动，那是因为耳朵不能够给心灵提供这种智力型的知识。[4]而眼睛则能够传达关于比例的知识，让我们理解，使大脑通过它所传递的关于这种比例的知识，而且也仅仅通过这种知识来体验其效果。由此可以推出，带来视觉愉悦的东西不能够归于某个眼睛所未能感知的比例关系，而实际情况也总是如此。

在音乐和建筑之间真正的比较要求人们不只考察一种和谐关系，它们按其天性都是无法改变的。也必须考察它们所应用的方式，这一点随着音乐家和国家的不同而发生变化，正如建筑比例关系的应用根据不同的设计者和建筑物有所差异。因为正如不能声言任何使用和谐乐声的单一方式是必然的和绝对无误地比另一种更美妙，或是证明法国的音乐要比意大利的音乐更美好，同样不能够因为一种柱头，它有一个或多或少的突出部分，就证明它一定并且自然而然地比另一种更优美。与简单的单弦的情形不同，人们可以将一根弦与另一根比它长度的一半稍长一些或稍短一些的弦一起演奏，以证明其令人不堪忍受的不和谐，因为这正是声音比例的自然和必需的效果。

还有另外一些内在的和自然的效果是由比例所产生的，例如基于机械学原理的形体运动，但这也不能与产生令人满意的视觉快感的比例关系的效果相提并论。因为如果一个杠杆的力臂是相对于另一根力臂的某个长度，那么一个重量就一定自然地超过另外一个，然而却无法推断出，一座建筑的部件之间的某个比例关系必然带来美感并对心灵产生相应的效果，使得后者，这么说吧，迫使心灵将比例关系当作无法避免的事情来接受，正如一根杠杆的力臂的相对长度会使得杠杆在朝向长力臂的方向上翘起一样无可避免。然而，这正是大部分建筑师在他们希望我们相信，比如说，那些创造了万神庙的美的正是这座神庙的墙体的厚度与其内部空间、宽度与高度以及上百个其他各种元素之间的比例关系所构成的。而这些东西除非通过测量，否则都是让人难以觉察的，即使人们能够感知这些东西，它们也不能够使我们确信任何对于这种比例的违反会让我们不舒服。　　　　　　　　　　　　　　　　[50]

我将不再在这个问题上花费太多的口舌——尽管这个问题的解决对于我所从事的工作至关重要；尽管我确信任何不辞劳苦去仔细考察这个问题的人将会发现很容易就能作出判断，要不是由于事实上大部分建筑师都持有相反的观点的话，我也没有必要为我已经提出的观点再作什么争论了。这就表明我们不应当把这个问题当作不值得检讨的问题来进行考察，因为尽管所显示的理由支持其中的一方，建筑师的权威却站在另一边，使得这个问题变得悬而未决起来；实际上，尽管这个问题作为建筑学问题，只是在从建筑物中所抽取的一些细节和例子的范围上，起到了展示作用，表明存在着很多能够超越常识和理性使我们获得快慰的东西。然而，所有的建筑师对于这些例子的真实性都是赞同的。

那么，尽管我们经常会对于莫名其妙地遵从建筑学法则的比例关系产生偏爱，可是确定无疑的是，这种偏爱一定有某些理由。唯一的困难是要了解，是否这种理由总会作为积极因素，正如在和谐乐声中那样，或如果更加平实一点来说，它只是建立在习俗的基础上，是否那种使得一座建筑物的比例关系令人愉悦的东西与那种使得时髦服饰招人喜爱的东西并不相同。因为后者没有什么确定之美的东西，或内在的可爱，既然当习俗或任何其他的非确实的理由发生某种变化使得我们喜爱它们，但我们对它们的喜欢不会太长久，即使这种比例关系自身保持不变。

在这个例子中要想作出正确的判断，必须假设建筑物中有两种美并了解哪一种美是建立在令人信服的理由之上的，而另一种仅仅依赖于偏见。我将建立在令人信服的理由之上的美称为在作品中的出现一定会令所有人高兴的美，它们的价值和品质十分容易理解。它们包含了材料的丰富性、尺寸和建筑的恢宏、建造工作执行的严谨和清晰性以及对称，后者在法语里标示了那种产生无可置疑的惊人的美比例关系。因为存在两种比例关系。一种，难以分辨，存在于各个部分之间的比例关系当中，例如不同构成元素相互之间或与整体的尺寸比例关系，举例来说，一个构成元素可能是整体的 1/7，1/15 或 1/20。另一种比例关系称之为对称5，对称是显而易见的。它是各个部分所共同拥有的一种相互关系，是各构成部分尺寸、数量、位置和秩序的平衡一致关系的结果。我们总是能够发觉这种比例关系中的缺陷，例如万神庙内部穹顶的衬砌没有能够和下面的窗子保持一致，引起了一种不成比例和缺乏对称的效果，任何人都会很容易觉察到，而这种缺陷如果经过纠正，将能够产生一种更加显著的美，超过墙体厚度和礼拜堂的内部空间之间的比例关系，或这座建筑里存在的其他比例关系，譬如柱廊的美，是由于其宽度是整个礼拜堂的外部直径的 3/5 所带来的。

[51]

相对于我称之为绝对的和令人信服的美，我列出了那些我称之为任意的美，因为它们是由我们想要为事物给出一定比例、形状或形式的愿望决定的，这些事物很可能是有一个不同的形式，同时并没有变得奇形怪状，而是显得很好看，并且不是由于任何人所能把握的理由，而仅仅是来自习俗和心灵对于两个不同性质的事物之间的联想。通过这种联想，这种造成心灵对于它所了解的事物的偏爱的看法也使得它对于那些自己所不了解的事物的青睐，并将其逐渐导向对于两种事物的同等价值认同。这种原则是信仰的天然基础，它正是一种不去质疑我们所不了解的事物的真相的倾向，如果这种真相伴随的是我们对于向我们作出相关保证的人的了解和良好看法的话，就会有这种倾向。而使得我们去喜欢由习惯的力量在宫廷内确立的服装时尚和话语模式的，也正是持有这样一种偏见，这是由于我们对于宫廷里的大人们的高贵和恩泽所持有的尊敬，而使得我们去喜爱他们的服装和他们说话的方式，尽管这些东西本身并没有绝对的可爱之处。既然在经过了一段时间之后，在不发生任何内在变化的情况下，这些服装和说话方式却会变得令人不悦，这就说明了这些东西的可爱不是绝对的。

在建筑上，情况是一样的，有一些东西，譬如对于在柱头和柱子之间的一些通常的比例关系，仅仅习惯的力量就使得它们令人感到如此称心，以至于人们无法忍受其他的样子，甚至当它们自身没有任何能够绝对无疑地令我们愉悦或必然地引起我们赞赏的美感的时候，也是如此。甚至有一些东西，在理性和良好判断的角度看来应该是显得奇形怪状和令人厌恶，而习俗的力量却使之变得可以忍受。这样一个例子包括了山墙的托饰，托饰下面的齿状装饰，多立克檐口的繁复装饰，以及爱奥尼柱式的简陋，还有古代殿堂的柱廊里柱子的布置，它们不是垂直而是朝向墙壁倾斜着。所有这些东西，都是应当会引起不快的，因为它们与理性和良好判断相抵触，然而它们一开头都被容忍了，因为它们与绝对的美相联系，并最终通过习俗变得令人感到舒服，习俗的力量是如此强大，它使得那些声称对于建筑学方面的事物有辨识力的人无法接受那些别样的东西。

为了了解在建筑学领域之中关于令人愉悦的事物有多少种法则，尽管与理性相悖，我们还是必须考虑到，那些在调节建筑的美感方面应当是具有最大重要性的缘由要么是基于对于自然的模仿，例如：一根柱子的部分和整体 [52] 之间的一致关系，它反映了人的身体之部分和整体之间的一致关系；或者涉及一座大厦与大自然教会人类建造的第一座建筑之间的相似性；或者是关于钟形圆饰、拱顶花边、半圆线脚以及其他构成元素对于它们所借用的事物的形状所拥有的类似关系；或者，最后还涉及对于其他工艺行当譬如木工的模仿手法，木工提供了中楣、楣梁、柱楣及其构成部分还有托饰和托块的模范。然而，这些东西的优雅美丽并不依赖于这种模仿和相似性，因为如果它们的确相似，模仿得越是精确，它们的美也就会越突出。[6] 而所有这些东西要想使人赏心悦目所必须具有的那些比例和形状，那些一改变就与良好品位发生冲突的比例和形状，忠实地复制了它们所表现和模仿的事物的比例和形状，上面这种观点也是不正确的。因为显然柱头作为整个柱子所表现的人体的头颅部分与人的头颅与其躯干之间所具有的比例关系毫无相似之处，因为身体的个头越低矮，其折合成身体高度的头部高度的数量就越少，而从另一方面来说，最矮的柱子所拥有的最为短小和最为瘦小的柱头，从比例的角度来说，却是最大的。出于同样的原因，如果柱子更像那些在人类建造的最早的棚屋里作为立柱的树干的话，它们是不会得到更大的普遍赞赏的，因为我们一般喜欢看到柱子中间粗而树干从来不是这样，因为它们总是向着树冠逐渐聚敛。而如果柱楣的构件更加精确地类似作为其起源的树木的构成元素的形状和布置的话，它们也不会更加令我们喜爱。如果这样会令我们喜欢的话，齿状装饰会象征着檐部的柱楣支柱并出现在托饰的上方；托饰则在山墙柱楣上代表着檩条，不是像平常那样对着檐部垂直，而是对着三角墙的斜坡，就像檩条的末端会垂直于山墙的斜坡那样。最后，如果钟形圆饰更加接近于刺壳中的栗子，而波状花纹更加类似小溪的浪花，柱头圈线更像脚跟的话，它们便不会得到品位良好的人们的偏爱。如果由理性来规范良好的品位，那么也会得出下列推论，既然一种更加纤巧的柱式比一种粗犷的柱式拥有更多的装饰是顺理成章的事情，爱奥尼柱楣就要比多立克柱楣花纹更加繁复和雕饰，而如果习惯没有使得某种如此违背理性的东西变得可以容忍，我们也一定不能够忍受柱子不垂直，而这种做法也一度是一种惯例。

　　由此看来，无论是对于自然的模仿，或是理性，或良好的感觉都不能构成那种人们声称在比例关系和一棵柱子的各个部分的有序安排中所发现的美的基础；的确，就这诸多方面所带来的快乐而言，除了习俗之外确实无法发现任何其他源泉。由于那些最初发明这些比例关系的人，除了他们的想象（*fantaisie*）之外没有任何成规来引导自己[7]，一旦他们的想象改变了，他们就引进新的比例关系，而这种新的比例关系也相应获得宠爱。就这样，科林斯柱式的柱头比例被希腊人认为是美丽的，希腊人将柱头的高度确定为是一个柱径的长度；而罗马人对此却不赞同，他们又另外加上了 1/6 柱子直径的长度。我知道，可以说罗马人增加柱头高度的长短是正确的，因为短而宽的尺寸不像更大的高度会使得茎梗纹饰和涡纹装饰更加令人喜爱。这就是为什么卢浮宫正立面那些大柱子的柱头会仿照米开朗琪罗的先例，都做得比万神庙的柱头更高，而米开朗琪罗在罗马的卡比多广场主殿（Capitol）所做的柱子，甚至比卢浮宫的还要高。然而，这只能表明，建筑师所持有的曾经赞同或仍然赞同的希腊人所赋予科林斯柱头的比例关系的审美趣味，一定是建立在某些原则之上的，而不是那种所谓自然而然就会讨人喜欢而又如此深入地根植于事物之中的绝对令人心悦诚服的美感——换言之，依赖于它所拥有的比例关系而不是其他东西——除了偏见和习俗之外很难为这样的审美趣味找到合理的理由。确实，如同我们已经谈到的，这种偏见的基础在于，事实上当无数令人信服的、绝对的和有理由的美出现在一个拥有这种比例关系的工程中的时候，这些绝对的美成功地创造了如此美好的一项工程，以至于尽管其比例自身可能会对项目的美感没有任何增益，对于整个工程的这种有着合理根据的喜爱却被传递到每一个构件当中了。

　　最早的那些建筑作品证明了材料的丰富性、宏伟性、多样性以及工艺的严谨性、对称性（这是一种各个构成部分保持同样的排列和位置并且平衡得宜的协调性）；无论什么地方有所需求，都会有这种对于各种问题所持有的良好判断力，以及其他各种寻求美的明显原因会出现。作为结果，这些建筑看起来是如此之漂亮，并且受到如此的赞美和推崇，以至于人们决定它们可以作为所有其他一切作品的标准。由于他们认为在所有这些绝对的美之上，不可能增加或改变任何东西而不减损其整体的美，他们发现就这些建筑物的比例进行改变而不带来不良后果是无法想象的，但是实际上，他们本可以在不伤害其他的美的情况下，采取别的样式。按照同样的方式，当一个人狂热地喜爱一张面孔，而这张面孔的唯一的完美存在于其肤色之中，他也相信其比例关系无法再作改进，因为正如某一个局部强烈的美感使得他喜欢上了这一事物的整体，对于整体的喜爱也蕴含了对其所有各个局部的喜爱。

　　由此，可以认为以下观点是正确的，即在建筑学里存在绝对的美，而且这种美只是任意性的。尽管这种绝对美的出现仅仅是由偏见所引起的，一个人却很难避免自己不受这种偏见的影响。同样正确的是，尽管良好的审美趣味是建立在对于这两种美的了解的知识基础之上的，一种任意的美的知识，却总是更加易于形成我们称之为审美品位的东西，而正是它将真正的建筑师与其余的人区别开来。这样一来，常识就成为了解最大多数种类的绝对的美所必需的一切了，与一座用随随便便分割的石块建造起来的，里面根本没有什么垂直、水平和正方的东西可言的小房子比较起来，很容易就能得出判断：一座用切割得十分精确干净的大理石建造的大厦建筑比起前者要美得多。一所房子的院子不能比卧室更小，而地窖不能比楼梯的照明更好，柱子不能比它们的基础更宽，想要了解这些并不需要高深的建筑学水准。然而，明智的判断却永远无法传达下面这些知识：即柱基的高度应当不大不小正好是柱子直径的一半，檐口托饰和山墙的齿状纹饰应当与水平线保持垂直，而且齿状纹饰应当出现在檐口托饰的下面，三竖线纹饰的宽度应当是柱子直径的一半，壁柱应当是正方形的。[54]

　　然而，很容易理解的是，所有这些东西可能拥有不同的比例关系，而不会对哪怕最精细微妙的敏感心灵造成冒犯或伤害，在一位病人不了解造成自己病情失调的确切范围和程度的情形下，这种失调的状态对于病人也会造成伤害，而这两种情况却并不是一回事情。因为要被建筑的比例关系所冒犯或感到愉悦需要训练，需要对只是靠应用才建立起来的规则的长期的熟悉，而明智的判断不会为它带来任何知识，正如在民法中，有一些法则有赖于立法者的意志，以及全民的赞同，而对于公正的某种自然的理解却并不会揭示出其中的那些法则。

　　这么一来，正如我们所说，如果考虑运用不同比例关系的作品，真正的建筑师只会赞同那些处在前面引用的这两种极端例子之间的创作，他们作出如此的选择不是因为这些极端的东西冒犯了良好的审美趣味，审美的良好品位适合于某些天然绝对的理由，却与明智的判断相矛盾。其实他们赞同中庸只是因为我们的例子里面过度的比例要求不能与惯例（*maniere*）保持一致，而我们对这种惯例已经熟悉，我们在古代的优秀建筑中发现它们很赏心悦目，而在这些建筑物中并不总是存在类似的极端性，即使是作为赏心悦目本身而被看待的古代的惯例，看起来也并不是那么令人赏心悦目，因为它与其他的绝对的、自然的和富于理性的美相联系，可以说，正是这种理性的美使得其通过联想而令人愉悦。

　　然而，在中间方法的应用上，在与前面提出的那些例子里面可以观察到的两种极端的情况同等距离的情况下，仍然存在着相当大的变化，而这种应用并没有得到古代作品的精确定义。这种定义在大多数情况下是与某种统一的认识相一致的。现在，即使没有强迫性的理由要对这些使用方法进行完美的协调以使之能够赏心悦目，而且作为相应的结果，即使在建筑物中，严格说来不存在自身正确的比例关系，仍然需要考察是否能够建立可能的中间性

[55]　的比例关系，这种比例基于绝对理由，并不会从那些被人接受并正在使用的比例偏离太远。

　　为五种建筑柱式写下规则的现代建筑师采取了两种方法来处理这一主题。有些人仅仅是一视同仁地将古代和现代最受尊重的和杰出的工程范例组合起来，而由于这些建筑包含着不同的法则，这些建筑师就满足于呈现，并将所有这些法则加以比较，而对于选择其中的哪一种几乎毫无结论。而其他的建筑师为了避免在关于每种柱式的比例的五花八门的观点中作出错误的选择，发现了下列做法是可行的，即宣布对于拥有相当权威的人士所持观点的赞同，他们甚至发现提出自己的个人观点作为法则也是可行的。人们可能会说这正是帕拉第奥、维尼奥拉和斯卡莫齐以及其他大部分杰出建筑师的做法，他们没有千辛万苦地去严格遵循古人或者与现代人保持一致。

　　后面这群建筑师至少拥有一种值得赞誉的意图，他们试图建立确定可靠的法则，而这种法则需要考虑与其所适用的一切事物。从另一方面来说，如果其中一个人要么拥有足够的权威来建立一些必须毫不通融地遵守的法则，要么已经发现了一些法则，它们具有自明正确性或至少拥有各种可能性和理据的保证，从而使其比其他所提规则更加可取，这样就可能会比较理想。而这样一来，至少在这五种柱式的比例关系上，建筑学就会这样那样地有了一些固定的、持久的和确定的东西。而这将也不会是什么很难做的事情；因为这些比例关系不像那些有赖于建筑物的坚固与实用性[8]，即使对于这些东西依然可能引进大量对于使用用途及效用所作的创新，对于这些比例关系，不需要研究探讨，也不需要有所发现。它们与军事建筑物和机器建造所要求的比例关系也根本不是一回事，对于上述两者来说，比例关系是极端重要的。

　　因为很显然的是，对于一座建筑物的美，有些事情并不是不可或缺的，例如，在爱奥尼柱式中，齿状装饰的高度要精确地等同于楣梁的第二饰带的高度，而在科林斯式柱头的圆花纹饰不应低于圆柱顶板，而中央涡状纹饰要延伸到柱头的鼓腹或钟腹的上方边缘，因为尽管这些比例是由古人所观察到的，并且被维特鲁威加以规定，它们也并没有得到现代人的追随。对于这样一种情况的唯一解释就是这些比例关系并不像是在要塞和机械制品这类东西中那样基于绝对的和必然的理由，举两个例子，防御线不能超出炮兵的射程，
[56]　而天平的一个力臂则不能比另一个力臂短，否则这些要塞和机械制品就绝对会出错并且彻底地不成功。

　　这就是为什么这两类现行被接受和用于实践的处理这五种柱式的比例关系的方法，在我们看来不是唯一可行的方案，我们认为应当没有什么东西会阻碍对于第三种方法的接受。为了解释这第三种方法中所蕴含的内容，我将使用我已经使用过的一个比较，它对于目前的题目是相当合适的。那些遵从第一类方法的人就像那些要为一张脸规定比例的人一样，他们会精确地引用海伦、安德洛玛刻、卢克利希亚和福斯蒂娜等人的脸的比例[9]，并声称在这些

脸庞中，举个例子，前额、鼻子和前额与下颚根部之间的空间要相等，相互都处在几弧分之内，而因各张脸的不同而有所差异。依照第二种方法，建筑师将会说要一张脸美丽，其比例必须是从发根到鼻顶是 19½ 弧分，而从鼻顶到鼻尖是 20¾ 弧分，而从鼻尖到下颚根部则是 19¾ 弧分。第三种方法则会让这三种空间相等，让它们都是 20 弧分。

在将这种比较运用于建筑学的过程中，如果有人问，比方说整个楣梁的高度与整个中楣高度的比例关系是怎么样的，根据第一种方法，其回答便会是在维利里斯神殿，马塞卢斯剧院和几乎所有任何其他地方，它们相互之间都在几弧分之内，而中楣在一些建筑中稍微高一些，楣梁则在另一些建筑中稍微高点儿。如果有人去咨询第二类方法的支持者，就会发现他们为中楣和楣梁规定了一个类似的相等高度，但他们的尺寸不同于那些古人，而且有些人建造的中楣和楣梁高度在一种柱式中是相等的而在另一种柱式当中却又不同。然而，根据第三种方法，在爱奥尼、科林斯和复合柱式中，总是可以将两者建造得具有同样高度。

现在很容易看出，第三种方法至少要比另外两种更加简单方便，因为很显然，一张脸从其前额，鼻子或是下颚增减 1/120 既不会使得那张脸更加多的也不会更加少得令人感到不愉快；同样很显然的是，没有比这种发现、保持和铭记脸的比例关系更加容易的方法了。于是，即使一个人无法声称这种比例关系是正确的，因为一张脸可以在缺乏这种比例的情况下拥有各种可能的吸引力，而在这一比例存在的情况下，这张脸却依然可能缺乏各种吸引力，但既然它是基于对于分成三等份的整体的常规分割的基础之上，至少它可以被当作一种有希望的比例安排。这就是古人所遵从的方法和维特鲁威曾经用来证明他在自己著作中所建立的比例法则的方法。在他的著作中，维特鲁威总是采用容易记忆的、方法卓越的划分方法。现代人已经放弃了这种方法，而这只是因为他们不能使之与古代佳作的各种构成元素的无规则的尺寸相协调，而这与维特鲁威所留给我们的遗产大相径庭，以至于有必要对这些古代建筑物的尺寸作些改变，以便简化并使之与这种方法所要求的规范比例相契合。古代那些可敬的工匠们曾将这些尺寸赋予了这些构成元素，而大部分的建筑师也由此确信，一旦哪怕只是从其中的某一个构成元素中增减一个弧分，这些建筑作品就会失去它们的美感。 [57]

建筑师将对于他们称之为古代的建筑作品的尊崇被推向宗教的程度匪夷所思。他们崇拜关于这些建筑的一切东西，特别是关于神秘的比例关系。他们满足于带着巨大的尊敬来对这些东西加以思考，而不敢质疑为什么一个模子的尺寸不比另外一个稍微大一些或者小一些，而就这一点而言，人们可以假定，哪怕建立这些尺寸的人自己也是不清楚的。如果我们可以放心地确信，我们在这些建筑作品中所看到的比例关系从未发生变更，并与最早的建筑创建者们的比例安排毫无差异的话，这也不会如此令人惊异了。如果我们与维拉潘多（Villalpando）保持一致的想法，这种尊崇也不会引起我们的诧异，维拉潘多声称[10]，上帝通过一种特殊的启示，将所有的比例关系传授给了所罗门神庙的建筑师，而被认为是这些比例的创始人的希腊人，反而是从这些建筑师那里学到这些比例安排的。

可是，尽管这看起来很荒谬，对于古代持有某种夸张的尊崇，是那些建筑师和其专业是人文科学（sciences humaines）的人们的共同特征，他们认为今天所创造的任何东西都不能与古代的大作相提并论，这种想法源于对于神圣事物的真诚的信仰。人人都知道在过去几个世纪里愚昧主义对于知识（sciences）[11]发动的残酷战争在它所毁灭的所有知识学科之中唯独放过了神学，而作为其结果，文艺（litterature）[12]的少许劫余在某种意义上在修道院里获得了避难所。智慧需要在这些地方去寻找关于大自然和古代学识的高尚内容，推理和训练心智的技艺也在这些地方得到了应用。然而这种技艺，按照其性质对于所有的知识门类（sciences）都是适用的，在如此长的时间内却只是被神学家所运用，而他们的全部信仰都被古代的智慧所束缚和俘虏，以至于运用谨慎考察所需要的自由的习惯都被丢失了。几个世纪之后，人文学科的人们才能够运用神学之外的方式来进行推理。这就是为什么，先前学术探究的唯一目的就是去考察古代学说（opinions），因而由此也使得人们将更多的骄傲赠予对亚里士多德的文本中真正内涵的发现而不是给予对其文本所涉及的真理。[13]

[58]　维系并固化在这种文人学士们研究和对待艺术与科学的方式上的这种服从精神是这样地根深蒂固、难以摆脱。他们不能够将自己带到如何区分对神圣事物应得的尊敬与对那些并非因圣而来事物的崇敬之差别上来，如果要探知真理，我们就有权对这些事物进行适度的检验、批评和审查，对它们的那些神秘之处，我们不应将其等同于信仰的神秘，后者的难以琢磨是不会令我们感到惊奇的。[14]

因为建筑之事，就像绘画和雕塑，常常由文人学士来处置。它也比其他的技艺更多地受到这种服从精神的支配。这些人以争论建筑学内容的权威性为能事，在这样一种假设之下工作，他们认为古代佳作的作者们做任何事情都有其正当理由，尽管我们对这些理由一无所知。

然而，有这样一些人，他们将不会接受这样一些毫无疑问地是深不可测的理由，这些理由使得我们对那些优秀作品崇拜有加。经过对于每个与这一主题有联系的事情的仔细检查，并经过那些最为专业人士的教诲，如果他们也顾忌判断是否明智的话，他们会发现没有什么大的障碍能够阻挡自己去得出以下认识，即那些他们找不到任何原因的事物，实际上对于任何对该事物的美感有实质作用的理由都是缺乏的，他们会确定不移地相信，这些事物完全是基于运气和工匠们的兴致所至，这些工匠从来没有寻求任何可以指导自己去确定那些诸如谁的精度是无关紧要之类的事情。

　　我很清楚地意识到，我所说的一切，这个主张人们接受起来是有困难的，而且也会被当作是悖谬的（*Paradoxe*）[15]，还会招致大量的反对意见。尽管有少数诚实的人，他们也许因为没有对这个问题给予足够的思考，真心地认为他们可敬的古代光荣是建立在这样一个基础之上的，即它被认为是一成不变、不可模仿和无与伦比的。而许多其他人则会清楚地认识到自己做的事情，他们是在一种对于古代作品的盲目尊崇之下，掩藏了自己的欲望，使得他们的专业里的事物变成只有他们自己才能够阐明的神秘之事。

　　尽管我可能会彻底地证实这一非正统化的观点，除了想要获得允许，并仅仅在次要的和不值一提的程度上对于与古代不同的少数的比例关系进行一下变革之外，我的意图却无论如何是不要从中牟利。因此，我并不相信人们会反对我，特别是在声明了我对于古代建筑所持有的它们所应得的全部尊崇和赞赏之后。如果我关于此事的讨论与其他人不同，我的目标则仅仅是改变那些不同看法，这些看法使得那些对过往事物过于小心翼翼地尊崇的人们可能引起他们对诸多障碍的关注。他们将这些障碍看作是我没有追随那些大师们的案例的标准使然，从而我也会冒他们对我新的提议不屑一顾的风险。

　　那些既不想模棱两可又不想不诚实地运用古代权威的人，将不会把这些权威的力量触及并不需要它的问题上去，譬如柱头半圆线脚厚度、檐顶高度或是齿状纹饰的确切尺寸，既然这些比例关系的精确性并不是决定古代建筑美感的东西。拥有一种比例关系，使其在各个柱式的所有部件都以这样一种方式真正实现平衡，以便建立一套直截了当的方便方法，其重要性就压倒了对上述那些比例安排进行变革的意义。 [59]

　　假如我的方案的结果不成功，失败的耻辱将不会对我造成重大影响，因为我将获得杰出的伙伴。不管他们那些可观的才华，无论是赫莫琴尼（Hermogenes）、卡利曼裘斯（Callimachus）、菲洛（Philo）、切斯夫隆（Chersiphron）、梅塔杰那斯（Metagenes）[16]、维特鲁威、帕拉第奥还是斯卡莫齐（Scamozzi）都未能获得足够的支持，使自己的法则成为建筑学比例安排的规范。如果有这样的反对意见，认为我所提议的体系，即使得到赞同，也是不难找到，甚至认为我根本没有变革比例关系，其中的大多数比例安排在这里那里，在古人和今人的建筑作品中是都可以找得到的，我必须承认我确实没有发明什么新的比例安排；而这却正是我感到骄傲的地方。我这么说，是因为我的著作没有别的目标，只是要在不搅乱建筑师对于每个构成元素的比例安排的观念的情况下，展示他们可以全部被简化为容易用同一单位进行度量的尺寸，我妄断有此可能。因为看起来，各种柱式最早的发明家在古代建筑当中并没有像我们所发现的那样去决定比例，而只是大致地接近了这种容易进行同单位度量的尺寸，这一点是非常有可能的。然而，它们却会显得似乎是这些作者实际上造得很精确，而且，举例来说，他们并没有赋予科林斯柱式一个9½柱径、16½弧分的高度，正如万神庙的柱廊所呈现的样式，也没有10

个柱径、11 弧分的样式，如同罗马广场的 3 根立柱所呈现的那样，而是有时将它们造得正好 9½柱径而另一些时候则是 10 个柱径高。我们所见到的这些古代建筑的建造者的这种无心之举成了唯一真正的理由，能够解释这些比例法则为何不能严格遵循正确的比例安排，而人们也可以顺理成章地推论，这一正确的比例安排是由第一位建筑创造者所设立的。

我不明白对于这一观点怎么可能提出反对意见，因为我是既不知道，也不相信一个人能够了解对于让建筑师不必要地使用繁难的分数比例和促使原初单纯整数比例法则发生变化的理由的，举例来说，维特鲁威之前的古代人总是将阿提克式柱础（Attic base）的方柱基造成是整个基座的 1/3，是否马塞卢斯剧院的建筑师在这 1/3 又增加了 1¾弧分，达到 10 弧分了，这是为什么呢？古代人总是将多立克楣梁造得等于半个柱径高呢，是否戴克里先浴场的建筑师决定增加 1/5 而斯卡莫齐却加了 1/6，这又是为什么呢？最后，出于什么样的神秘理由，万神庙柱廊的任何两根柱子竟然没有相同粗细的呢？我也不相信我有可能猜测出斯卡莫齐在他关于建筑学的论著中所建立的比例法则为什么如此混乱以至于人们对其不仅难以记忆而且几乎是令人费解。[17]

[60]

由此，我有理由相信如果这些比例的变更是由维特鲁威之后的建筑师出于我们不可知的原因造成的，我的那些倡议就将建立在清晰而明白的理由之上，譬如它们容易分割和加以记忆。我也主张我所引入的一切革新都不是试图纠正古代，而是要将其恢复到原初之创造阶段的完美状态。我这么做不是出于我自己的权威，只是遵从我个人的洞见，而且总是可以从一些古代作品或著名作者那里获得的例子来加以佐证的。既然我将所有的论证以完全尊重的态度，提交给了所有不厌其烦有心对其进行验证的有识之士，我对于推理（des raisons）和推测（des conjectures）的选择应是十分保守的，甚至在运用中也是无懈可击的。

最后，如果这些从古代遗存下来的建筑作品就像书本一样，我们必须从中学习建筑比例的法则的话，那么这些作品就不是最初由第一位真正的作者创造的，而仅仅是相互差异的摹本，其中的一些是在某个方面精确而正确的，而另一些则在其他方面是如此。因此，如果可以这么说的话，为了恢复对于建筑论著正确的判断力，就有必要在这些不同的摹本中进行搜索和选择，而这些作为受到赞许的作品必然各个都包含着一些正确的和精确的东西，并显然将自己的选择建立在划分的规则性之上，而根本不会是些莫名其妙的分数，而是像在维特鲁威那里一样，简单而方便。

就那些持有怀疑论的人们而言，他们可能会质疑古代作品是一些有缺陷的摹本，它们的比例安排与原初的作品存在差异，我相信通过在前言里不厌其长地详细阐述和论证，我已经为这一主张建立了足够的合法性和可接受性。在此，我已经尝试证明了古代作品的美感，尽管这种美感可能十分令人景仰，却并不足以成为证明下列结论的正当理由，即它们所遵从的比例关系就是正确的比例安排。这一点我已经通过展示这些建筑的美感并不在于这些正确的比例关系的精确性而加以明示，因为显而易见，我们可以从一座建筑上省略一些东西，而不让其美感打了折扣。此外，我也证明了即使一个作品遵循这些正确的比例法则，却缺乏其他的东西，而真正的美正又在于这种东西的话，这个作品也不会拥有更多的魅力，例如对于外形和轮廓线令人赏心悦目的描摹，还有对于决定不同柱式特点的全部构成元素的高超布置。因为正如我们已经谈到的那样，对于这些元素正确的安排作为两个共同涵盖了关涉建筑物美感的一切内容的部分之一，比起比例关系问题是次要一些的问题。 [61]

对于我在提出一些关于建筑柱式比例安排的变革的时候所采取的自由，我也为阐述每个变更细节的论文保留了这一自由，就其理由我提出了总体的解释。剩下要做的事情就是宣称我对于区别柱式的那些特征进行变革的原因，那就是取得更大的处置自由，而不是沉迷于比例问题，因为这样的变革更加容易识别，在没有尺子和罗盘的情况下，眼睛反而能够发现它们。

那些发现对于法则中的任何事情所作的变更都是毫无理由的人，这些人相信那些法则是由古人建立起来的，他们可以随便嘲笑我的论证，并对本人方案的大胆加以责难。我不是在和他们对话，因为对于那些否认基本原则的人，没有什么可以讨论的。我主张建筑学里首要的基本原则之一，就像是在其他技艺门类一样，应该是，既然从来没有任何一条基本原则是彻底完美的，甚至如果完美本身几乎是不可企及的话，一个人至少可以通过向其极力靠拢而不断地接近它。我也主张，那些相信接近完美之可能性的人们比那些持有相反看法的人更加有可能实现其宏愿。

建筑柱式用在两种作品中，也就是说，一种是目前使用的大厦，譬如殿堂、宫殿和其他的建筑物，如公共的和私人建筑，它们要求装饰和宏伟的外观；另一种是涉及建筑历史的表现之物，如绘画和雕塑，或剧院的布景、芭蕾舞、锦标赛，以及皇家仪仗礼仪（*Entrées des Princes*）之类的建筑中。显然，在后一类建筑中，必须倡导严格遵从所有古代建筑的典型惯例。比方说，在一部关于忒修斯和伯里克利的叙事作品中[18]，如果使用多立克柱式，柱子就应当没有基座，如果要表现爱奥尼柱式，大花托就要出现在基座的顶端，而如果使用科林斯柱式，柱头就要收缩，柱顶石则要朝向角落，而楣梁则不带托饰。然而，当为今天的大厦设计一套柱式的时候，这样谨慎地模仿古代就是不必要的了。既然罗马文字不同于我们经过修改完善的文字，也不具有那些美感，使用类似古代罗马纪念碑那样的文字所刻出的皇帝纪念碑上的碑文，或者所有日期为 1683 年的铭文，都不会被人们接受。而当一些变革是行家里手明智地有根有据地加以引进的结果时，也不应当去责备一位用心揣摩、处处留意的建筑师，甚至应该欢迎带来这类变革的建筑师。

在那些就建筑柱式有所著述的人们当中，人人都在所谓的古人建立的不可亵渎的规范和法则之上进行过增删修订。这些著作者，除了维特鲁威之外， [62]

都是现代人，他们仿效古代人自己作出这类变革，而古代人不是用书本，而是通过其所留下的建筑作品，让人人可以将自己的发明填充进去。现在这些发明一直以来都被当作是有能力和有创新精神的天才（*des genies inventifs*）所从事的审慎的研究成果，以便对古人留下的一些缺憾加以完善。尽管有些变革并不被赞同，其他影响甚至有重大意义问题的变革却被接受了。实际上，他们当中有相当多的例子被用来展示这类事情当中的观念变革，这决不是一件不计后果之事，向更好的方面所作的转变并不像某些热切的厚古薄今者希望我们所相信的那样困难。

爱奥尼式基座，是所有带基座的柱式里面，古人所使用的唯一一种，它如此不得维特鲁威之后的建筑师的宠爱，以至于它们从未得到使用。爱奥尼式的柱头被认为笨拙而难看，趣味变革是如此广泛，以至于它没有为这种柱式的一些合理基础留下丝毫的质疑空间。斯卡莫齐用来替代阿提克式柱头的是出于他自己发明的爱奥尼柱头，不仅得到了那般热烈的欢迎，它现在几乎成了这种柱式的唯一用法，但自从斯卡莫齐以来，建筑师已经轮番对于柱头进行了各种变革，并且大大推动了它的进步，这一点在相应的课程中有所解释。对于混合式柱头这样的说法也是可行的，它简直就是科林斯柱头的修订版，因为它也是在最近才趋于完美，而这种完美不仅在古代人那里，就是在所有和柱式打过交道的现代建筑师那里都曾经是有所欠缺的。

因此，尽管我这本书的目标对于许多人来说可能看起来十分大胆，我有理由希望它对于那些认为我所主张的在实例和杰出作者的著作中全都有过先例的东西的人来说，它却不会显得完全是一种胆大妄为。如果是出于这种原因，有人希望声言我的书中没有任何新的东西，因为事实表明，这些柱式的比例和特点在整个历史中都经过了修订，我会同意这种观点。我会说我的目标仅仅是将变革拉到比以前的稍微远一些，来看看是否我能够通过试图劝服那些比我有着更多知识和能力的人们一起努力，使得这一方案的成果就像方案本身所取得的合理有效一样取得成功，使得建筑的柱式规则获得它们所缺乏的精确、完美和方便的记忆。

[63] 本书分上、下两篇。在上篇，通过列举构件的尺寸是一样的还是按照相等的比例增加的，例如所有檐部的高度，我为所有的柱式建立了共同的比例法则，譬如那些檐部、柱高、基座等等方面的比例安排。在下篇，我对于构成各种柱式的柱子构成元素的尺寸和独特特征加以判定。我通过均衡地引证古代著作和现代著作，作出上述这些判定的。那么，尽管我在古代所引征的东西要比从现代人那里的更难确证，德戈丹先生（Monsieur Desgodets）最近所出版的关于古代罗马建筑的书将对于有兴趣的读者们进行探索提供极大的帮助[19]，书中这位建筑师以极其严谨的态度进行的记录也同样帮助了我，使我对于这些比例法则究竟有怎样的不同有了确切的了解。

上　篇
柱式通论

第一章
规制与建筑柱式

维特鲁威认为[20]，柱式规制（Ordonnance）就是根据建筑物各部分的用途来决定它们的尺寸。我们所理解的建筑，其中的各个部分，不仅是它们所构成的各种空间，诸如庭院、门廊或厅堂之类的等等，还涉及构成空间的各种部件，比如一整棵柱子，包括基座、柱身和檐部；而檐部又包括额枋、檐壁和檐口。这里仅仅讨论部件，而正是柱式规则所控制的比例，给出了每一部分大致的下料尺寸，比如估算承重构件的大小，或者留出从雕塑到线脚的各种精美装饰所需要的空间；这些装饰也属于柱式规则，是一种比主导和控制柱式的比例更加容易觉察的外在表征。但是，维特鲁威认为，柱式之间最本质的区别在于比例。

[65]

因此，建筑柱式是受规则制约的一种东西，用来划定整棵柱子的比例并根据它们的不同比例来确定局部的形状。柱子比例随柱身高度和柱子粗细的变化而变化。单个部件（*membres*）的形状，随着柱头、柱础、柱槽以及科林斯式或多立克式檐口托饰的或繁或简而相应变化。

[66]

多立克、爱奥尼和科林斯三种古代柱式中——多立克柱式最刚毅雄浑，各部分粗犷简洁，卓尔不群；它的柱头既没有涡卷，也没有花瓣和卷叶茎饰；柱础单独出现的时候，只有巨大的圆盘线脚而没有半圆线脚；它的凹弧线脚单一，柱槽扁平而且数量少于其他柱式中的相同部位；它的檐底托板像一块简简单单的柱顶石，没有托座，也没有叶饰。而科林斯柱式的柱头有好几种精致的雕刻装饰，两排卷叶从茎杆或茎梗饰的地方枝蔓出来，顶部是螺旋装饰；它的柱础是两托圆盘线脚夹着一个双层的凹弧线脚，托檐石精巧地刻着和柱头一样的叶子挑饰。爱奥尼柱式介于上述两种柱式之间：它的柱础底部没有圆盘线脚，柱头没有叶子，檐口用齿饰将托檐石取而代之。

古代有三种柱式，现代又增加了两种柱式，确定它们的规制所依循的是古代柱式比例。塔斯干柱式比多立克更为简化和粗壮，混合柱式比科林斯更繁复，它的柱头是科林斯的，也带科林斯的叶子，还有爱奥尼柱式的卷涡。

也许有人会说，科林斯柱式结合了爱奥尼柱础的双层凹弧线脚和半圆线脚，以及多立克柱式的喉状柱头或称铃状柱头，爱奥尼柱式却没有这种柱头。这两种柱式都是从维特鲁威那里得来的。虽然他也给出了塔斯干柱式的比例关系，但他从来没把它列入柱式之中，当他创造混合柱式的时候，他说科林斯柱子的柱头可以变成混合了爱奥尼柱头和科林斯柱头构件的那么一种东西。他还说，虽然科林斯柱头的这种改变并没有带来一种新的柱式，但是改变了柱子的比例；这种经过改变的柱头和科林斯柱式的高度一致。科林斯柱式确实和爱奥尼柱式不一样，它稍小的柱头导致了整个柱子高度的降低。这表明在维特鲁威看来，在分辨柱式的时候，比例远比那些确立它们特征的其他构件形状要来得重要。

第二章

控制柱式比例的尺寸

建筑师使用过两种方式来确立柱子的尺寸，用于建构组成柱子的各个构件间的比例，而这种比例为我们划分柱式提供了主要的依据。第一种方式是采用已有的平均（普通）或者小型尺寸。平均尺寸指的是柱身之下柱础的直径，被称为模数。它将被用来建构那些比此直径（模数）更大一些的单位：例如，以直径的8—9倍为柱子的高度或以其2、3或者4倍为柱间距。小型尺寸被称为1份（a part）或1分度（minute），通常仅为模数的1/60，被用于对那些比模数更小的单位建构之中，例如，阿提克式柱础的基底石为10分度、大圆盘线脚为7.5分度、小圆盘线脚则为5分度，等等。

而在第二种方式中，我们既不使用分度也不使用模数的某个固定单位，而是将模数或者根据模数所确立的其他尺寸尽可能地划分成多个等量的单位。通过这样的方式，原来的阿提克式柱础的尺寸为1.5个模数，现在则可以被划分为三个等量部分用来确定基底石的高度；划分为四个等量部分来确定大圆盘线脚的高度或者划分成六个等量部分来确定小圆盘线脚的高度。

这两种方法都被古往今来的建筑师采用过，然而，对我个人而言，则更倾向于使用后者。不过，这并非因为后者总是在设想柱式整体和单个构件之间的关系，我并不认为这样的关系会对柱子的外观起到什么作用，无非是满足以此而滋生的一些规则罢了，柱式的其他构件并不会受到什么影响。我之所以推崇这种古老的方法，主要是这样的方式便于对尺寸进行保留。因为是基于理性之上建立的，从而具有我们所说的回溯（reminiscence）功能，比一般的简单记忆更为可靠（la simple apprehension de la memoire）。[21]因为如果我们了解到阿提克式柱础的1/3是它的基底石，1/4是它的下圆盘线脚而1/6是另一个圆盘线脚时，想要忘记这个柱础的比例几乎是不可能的。但如果我们是以10分度（阿提克式柱础整体高度30分度的1/3）、7.5分度（阿提克式柱础整体高度30分度的1/4）或者5分度（阿提克式柱础整体高度30分度的 1/6）来确立这些柱式构件，由于无法通过这样的尺寸来获取各部分构件之间的关系，要想记住柱础的尺寸就不那么容易了。

现在的建筑师在分度上往往喜欢用固定的尺寸，这是因为他们经常得记录一些和模数或其分度都不成比例的尺寸，例如，阿提克式柱础的基底石有时候并没有被测为10分度，而是9.5分度或者是10.5分度。对这样做法的解释是，现代的建筑师只是试图给出那些从古代保留下来的建筑以尺寸。但这些建筑显然并非原创[22]，它们的比例不可能达到其风格首创者所要求的精度，我们很难解释为什么这些保留下来的建筑在尺寸上如此接近平均分割，却并未使之精确化。

尽管我们只是试图通过那些相互衔接的尺寸来寻求古代柱式的真实比例，我们也还是要使用古人的测量方法。因此，正如维特鲁威通过将大模数（在其他以柱身柱础直径为基础的柱式）的直径减半来缩小多立克柱式的模数一样，我们也可以把模数缩小到原来的1/3。[23]我们这么做的意图和维特鲁威一样，是为了避免使用尺寸时出现分数。对于多立克柱式来说，平均模数（module moyen，也就是柱子的一个半径）不仅仅能确定柱础的高度（其他柱式的平均模数也能做到这一点），还能确定柱头、额枋、三陇板和陇间壁的高度。不过，这种以柱身柱础直径的1/3为基准的小型模数的作用还不限于此。我还可以用它以整数来测定各种柱式的基座、柱子和檐部的高度。

因此，以柱子直径为基准的大模数包含60个分度，平均模数只有30个分度，而小模数则只有20分度。我们可以这样计算：1个大模数等于3个小模数，而1个平均模数等于1.5个小模数；2个大模数等于6个小模数，而2个平均模数等于3个小模数，等等。如下面表格所示。

为了避免与"一份"（a part）出现混淆，我们在此将柱子半径的1/30称之为1分度。在此，"部分"（part）一词并不像"分度"（minute）一词那样代表一个固定的部分，而是一个相关的部分，例如，另一部分的第三、第四等等。

［69］

模数表

大模数	分度	平均模数	分度	小模数	分度
I. 包含	60	I. 包含	30	I. 包含	10
					20
		II.	60	II.	30
					40
				III.	50
					60
II.	120	III.	90	IV.	70
					80
				V.	90
		IV.	120		100
				VI.	110
					120
III.	180	V.	150	VII.	130
					140
				VIII.	150
					160
		VI.	180	IX.	170
					180
IV.	240	VII.	210	X.	190
					200
				XI.	210
					220
		VIII.	240	XII.	230
					240
V.	300	IX.	270	XIII.	250
					260
				XIV.	270
					280
		X.	300	XV.	290
					300

第三章

柱式三段式的通用比例

[70]　　无论柱式如何，整个柱式构件主要都是由三段式组成：基座、柱子和檐部。并且，这三个主要部分本身也同样由三部分组成。基座包括其柱础、基座身或柱石鼓及其檐口；柱子包括其柱础、柱身（或柱茎）和柱头；檐部则包括额枋、檐壁和檐口。这三个主要部分中任意一个的整体高度在小模数上都应该为一个固定整数。例如我们假定所有柱式的檐部高度相同，都是 6 个小模数，即两个大模数（直径）。此时各个柱式中柱子和基座的高度则各不相同，那些显得轻巧的柱式在高度上会按照比例相应增加。基座与柱子的增量比例分别为 1 模数和 2 模数。塔斯干式柱的基座与檐部的高度相同，都为 6 个模数；多立克式为 7 模数；爱奥尼式为 8 模数；科林斯式为 9 模数；而混合柱式为 10 模数。

　　因此，正如我们所说，含有柱础和柱头的柱子高度的增量比例为 2 模数，所以塔斯干式的柱子高度为 22 模数；多立克式为 24 模数；爱奥尼式为 26 模数；科林斯式为 28 模数；而混合柱式为 30 模数。

　　最后，在所有柱式中，构成基座的三个部分的比例也是相同的。柱础是基座高度的 1/4；柱础上沿线脚是其高度的 1/8；而柱础的基底石高度往往是其 2/3。而整个基座除开这些已经构建的部分，剩余部分的高度为基座身高度。

　　在所有柱式中，柱础的高度也是相同的，也就是说，1.5 个模度即柱身根基部位直径的 0.5 倍。塔斯干和多立克柱头的高度也都是与柱础一致的。同样，混合柱式和科林斯式的柱头高度都是 3.5 个模度。只有爱奥尼式的柱头比例比较特殊。

　　檐部构件的高度并没有固定的比例。除了多立克式外，其他柱式在额枋和檐壁上是一致的，各占檐部高度的 6/20，而檐口则为整个高度的 8/20。在多立克柱式中，檐部的比例总是不同的，因为它们是由三陇板和陇间壁所决定的。

[71]　　而在宽度和出挑①上，它们又由构件小模数所拆成的 1/5 大小来确定，

---

　　① 本书关于 projection 的译法：檐部的事项译作出挑；柱础的事项译作突出或平出，分别对应圆弧面和整体尺寸的情形。——译者注

例如，将柱子的收分划作 5 份。同样，通过拆分柱身的柱础表面而获得的这 1/5[24]，可以确定柱础唇饰的出挑。这个柱础本身的出挑，可以是这 5 个部分中的 3 份，每一个部分都是 4 分度。其他出挑部分的测定也与之类似。

在以下的几章中我们将对于这些比例进行解释和论证。

第四章

檐部的高度

对于建筑师来说，他们最难达成一致的莫过于檐部高度与柱子厚度的比例了。无论是古典还是现代的作品中，几乎都找不出比例相同的一对。有些檐部的比例甚至是其他柱式的两倍。例如尼禄金殿正立面的檐部与柱子比例，就比蒂沃利附近的维斯塔神庙要大上一倍。

不过，这种比例应该能统领全局，因为没有什么东西比它更重要，或者换言之，一旦柱子比例出现差错，所波及的范围则是最广的。比起其他东西来，人们更容易觉察到比例上的闪失。在建筑中那些与坚固（*solidite*）相关的准则被公认为是重点。如果构件比例与坚固不相称，特别容易破坏建筑的美，例如，那些看上去无法承载其他构件，或者无法被其他构件所承载的构件。现在，这一点在柱子和檐部是最显而易见的，因为柱子厚度决定着其承载能力，同样的，与这种柱子厚度相关的檐部高度，则决定了承载能力，或者看上去能承载的能力。据此我们可以这样说，檐部的高度应该由柱子厚度来确定。因此，如果必须要调整不同柱式的檐部，在柱子厚度相同的情况下，应该相对缩短那些柱子较长柱式的檐部，因为柱子越长，那么整个构件就更为脆弱，至少看上去会这样。然而，在古代建筑师的作品中却有一些相反的例子；科林斯式和混合柱式的柱子最长，然而它们的檐部却比柱子最短的多立克和爱奥尼的要高一些。

[72]

建筑学大致可以分成三种：维特鲁威所规定下来的古代建筑法则，我们从罗马建筑中了解到的古代建筑学以及近 120 年来人们在书本中记录下来的现代建筑学。到目前为止，在这三类建筑学之中，当涉及檐部比例的时候，维特鲁威和其他现代建筑师的很多做法都与古代建筑师不同，那些古代建筑师设计的檐部总是显得无法被柱子支撑，例如尼禄金殿的正立面以及罗马广场（通常被称为 Campo Vaccino）上的三根立柱。实际上，像让·布兰（Bullant）[25] 和德洛姆（Delorme）这样的现代建筑师都以维特鲁威的理念为基础，将檐部缩得过短，只有古代柱式的一半。因此，我们可以猜想，作为古代建筑设计者的罗马人似乎是觉得维特鲁威所规定的柱式檐部太短，想在自己的柱式上弥补这个缺陷，却又矫枉过正。同样，现代建筑师看起来注意到了这种极端的做法，结果又走上了另一个极端，过多地采用了古代方法。罗马人矫正维特鲁威的缺陷并无不妥，因此现代建筑师需要做的，只是纠正一下他们的极端做法而已。

有些人认为，这些对于柱子檐部高度迥异多样的设计，与建筑的不同规模，以及柱式自身的内在本质不同有关：一些柱子的檐部可能要比其他的更为宏大，这就很可能造成比例上的差异。根据维特鲁威的法则，25 英尺高的柱子，其额枋应该比 15 英尺的柱子额枋高出 1/12。不过，古代的建筑师好像并没有遵守这个规定，因为他们设计的小型柱式檐部比例要高于大型柱式的比例。因此，虽然万神庙里祭台的柱子的高度只有柱廊中柱子高度的 1/4，但其檐部在比例上却显得更大一些。同时，人们在设计檐部时也没有受到柱式总体比例的影响，那些大型的柱式（例如多立克式和塔斯干式）的檐部本应该是所有柱式中最大的，但实际上它们的檐部从比例上看要小于科林斯式和混合柱式。

檐部表

[73]

塔斯干		多立克		爱奥尼		科林斯		混合柱式	
分度		分度		分度		分度		分度	
维特鲁威 15		罗马斗兽场 26	多	福耳图那神庙 18	多	和平神庙 8	多	狮子拱门 34	多
斯卡莫齐 11		斯卡莫齐 27		维尼奥拉 18		塞普蒂默斯柱廊 12		塞利奥 30	
维尼奥拉 15		维特鲁威 15		马塞卢斯剧院 25		德洛姆 19		维尼奥拉 30	
帕拉第奥 16	少	让·布兰 15		罗马斗兽场 26		内尔瓦广场 24		塞普蒂默斯拱券 19	
塞利奥 3		塞利奥 13		帕拉第奥 11		三种柱子 36		提图斯拱券 19	
		帕拉第奥 12	少	塞利奥 13	少	尼禄金殿正立面 47		巴克斯神庙 2	少
		维尼奥拉 10		斯卡莫齐 15		斯卡莫齐 0	少	帕拉第奥 0	
		巴尔巴罗 8		德洛姆 16		帕拉第奥 6		斯卡莫齐 3	
		马塞卢斯剧院 7		维特鲁威 19		维尼奥拉 12			
		德洛姆 5		让·布兰 35		塞利奥 14			
						维特鲁威 19			
						西比尔神庙 21			

在此需要说明的是，本人无意在这些针锋相对的思想之间论断是非，如果本文对这些理念或者其他被付诸实践应用的比例流露出一些个人的观点，我不希望我的判断会被看作比那些法理学家所称作的农夫的判断是截然不同的东西。以其泾渭分明而著称的这个判断[26]，只有当事情是如此地混淆不清以至于即使是最具启迪性的判断也无法探知事物真相的时候才会被实施。由于我们无法解释为什么檐部的规格如此多样，唯一一种建立规则的可能方法就是选择平均比例，使用与柱子紧密相关的尺寸，如柱子直径的两倍。这样选取的尺寸正好是古代作品中极值的平均值。

如果有人引用一些建筑师的观点或者小于本文所列尺寸的作品，对我进行批判，那么我就必须拿出同样可信的（*authentiques*）、使用大于本文所列尺寸的作品和建筑师的观点，来进行反驳。基于这样的原因，我将在下文中使用折中标准，即居于本文所提到各种建筑中极值之间的数值。同时，本人也不认为在能够用整数来表达精确比例的情况下，要仍旧坚持使用分度。

[74]   上表中列出了建筑五柱式的五种柱子。对于每一种柱式，我已经列出过本文所举的例证中每个建筑的檐部比我假设的檐部平均比例120分度（2个直径或6个小模数）要高出或者低出多少。上表所列的檐部高度比本文提到的例子要高或者低一些。例如，如果西比尔神庙的檐部比我的平均比例低21分度，在维尼奥拉的混合柱式中则低出30分度，而布兰的爱奥尼式则低出37分度。罗马广场的三根柱子高出平均比例36分度，而罗马斗兽场则高出26分度。

根据上表，只有塔斯干式的檐部总是小于我所假设的两个直径的平均比例。不过我还是难以解释以下的现象：多立克式的檐部有时候会比爱奥尼式的大；斯卡莫齐的多立克式檐部比例则比我假设的120分度高出27分度；而马塞卢斯剧院的爱奥尼式檐部最大，但只比120分度高出25分度。而且，为塔斯干柱式安设比多立克柱式上更大的檐部似乎更为合理，因为塔斯干式柱子的强度和承载能力，正如我们所说过的，与其厚度之间的比例过于接近。

第五章

柱子的长度

如同建筑师对在不同柱式中设计不同高度檐部的缘由无从知晓一样，我们也无法猜测他们为什么会在同一种柱式中从来不统一柱子的长度。维特鲁威对于他的设计中神庙里的多立克式柱子比柱廊中的柱子要低一些的唯一理由是：神庙内的柱子应该比其他任何地方的显得更庄重。帕拉第奥（Palladio）似乎也采取了类似的做法，将那些没有基座的柱子设定得更高。这种做法并不合理，因为基座本身就给整个柱式带来一定的高度。塞利奥将独立的柱子缩短 1/3 也是史无前例。尽管他认为独立开来的柱子理应矮一些，但这种做法也过于夸张，因为间距紧密的柱子看上去更为坚固一些。如果需要改变柱式的比例，还是需要一个更为充分的理由。

尽管不同的建筑师为同一柱式设计过不同的柱子长度，但在对不同柱式进行比较时，它们之间依旧保持着一种连续性。这样，当柱式在规模上减小时，柱子长度则随之增加。但柱子长度的增加在不同柱式中的程度是不一样的。古代的五种柱式的增长比例只有 5 个模数（柱子的半径），最短的为塔斯干式，15 模数；最长的为混合柱式，20 模数。维特鲁威设计的柱子高度比例增长也是 5 个模数，不过是从 14 模数提升到 19 模数。现代建筑师设计的柱子增高幅度更大一些，斯卡莫齐设计的增高幅度为 5.5 模数，而在塞利奥的设计中，这个比例被提到了 6 个模数，这一点我们可以在下面的表格中看到。我已经将各位建筑师设计的柱子规格列出，这样做是为了依照我们在对檐部分析上的做法选出一个平均值。 [75]

因此，假设塔斯干柱式柱子的高度应该为 15 模数，我给出的数值是 14⅔，这可以生成我的 22 小模数，因为这个数值正好是维特鲁威塔斯干柱式的 14 模数和图拉真纪念柱 16 模数的平均值。同样，我假设多立克式柱子应该为 16 模数，这可以生成我的 24 个小模数，因为这个长度是维特鲁威的 14 模数与罗马斗兽场 19 模数的平均值。我还可以给出爱奥尼式柱子平均值为 17⅓ 模数，这可以生成 26 个小模数，因为这个数值是塞利奥的 16 模数和罗马斗兽场 19 模数 2 分度的平均值。因此，科林斯柱式为 18⅔ 模数，即 28 小模数，这个高度为西比尔神庙的 16 模数 16 分度与罗马广场三根柱子的 20 模数 6 分度的平均值。通过同样的计算，我们还可以得出混合柱式柱子为 20 个惯常的模数，这可以生成 30 小模数，因为这一尺寸是提图斯拱门的 20 模数与巴克斯神庙的 19.5 模数的平均值。

　　需要指出的是，在古代以及一些现代建筑师的混合柱式中，找不到像其他柱式中那样关于柱子高度递增的证据。根据下表来看，混合柱式和科林斯柱式的柱子高度几乎相等。倘若有人反对这个观点，那么我要指出，由于区分柱式的标准主要在于柱子的长度和粗细之间的比例，因此如果我们将混合柱式和科林斯柱式区分开来，那么两者之间的长度与粗细之比必然相异。这就是为什么维特鲁威认为在他那个时代，那些带有其他柱头装饰的柱子，并不能构成与科林斯式截然不同的柱式，因为它们的柱子长度不够。或许还会有人认为长度递增的观点是与维特鲁威确立的法则相悖的，因为他规定爱奥尼式和科林斯式柱子的柱身高度应当相同，而不是像我们这样认为科林斯式的柱身更短一些。但事实是，古代建筑师将比例进行了更改，就像他们更改其他建筑构件的比例一样[27]，而所有的现代建筑师又都接受了这样的比例，不过斯卡莫齐例外，他设计的科林斯式柱子和爱奥尼式的大致相当。

[77]　　现在，我们可以肯定柱式之间柱子的渐进升高具有连续性。我在此先将从塔斯干式到混合柱式的四次升高过程合起来，得出 5 平均模数 10 分度，这个数值介于古代建筑师的 5 个模数与现代建筑师的 5.5 模数之间。接下来，我将总和出来的 160 分度分成四等份，得出每个柱式的升高为 40 分度。因此，由于我们已经得出塔斯干式柱为 14 平均模数 20 分度，我们可以得出多立克式为 16 模数；爱奥尼式为 17 模数 10 分度；科林斯式为 18 模数 20 分度；混合柱式为 20 模数。但因为在使用平均模数时，很难保留分数，所以我使用的是自己设立的小模数，每个小模数为 20 分度。因此塔斯干式柱为 22 小模数；多立克式为 24 小模数；爱奥尼式为 26 小模数；科林斯式为 28 小模数；混合柱式为 30 小模数。在所有情况下，每次高度渐进为 40 分度，即 2 个小模数。

柱子长度表　　　　　　　　　　　　　　　[76]

平均高度			平均高度	
			平均模数	小模数
塔斯干	维特鲁威	14	14⅔	22
	图拉真纪念柱	16		
	帕拉第奥	14		
	斯卡莫齐	15		
	塞利奥	12		
	维尼奥拉	14		
多立克	维特鲁威的神庙	14	16	24
	维特鲁威的神庙柱廊	15		
	罗马斗兽场	19		
	马塞卢斯剧院	15⅔		
	斯卡莫齐	17		
	维尼奥拉	16		
爱奥尼	罗马斗兽场	19－2	17⅓	26
	马塞卢斯剧院	17⅔		
	帕拉第奥	18		
	塞利奥	16		
	维特鲁威	17		
科林斯	万神庙柱廊	19－16	18⅔	28
	维斯塔神庙	19－9		
	西比尔神庙	19－16		
	和平神庙	19－2		
	罗马畜牧场三种柱子	20－6		
	福斯蒂娜神庙	19		
	安东尼教堂	20		
	塞普蒂默斯柱廊	19－8		
	康斯坦丁拱券	17－7		
	罗马斗兽场	17－17		
	维特鲁威	19		
	塞利奥	18		
混合柱式	提图斯拱券	20	20	30
	巴克斯神庙	19½		
	斯卡莫齐	19½		
	塞普蒂默斯拱券	19－9		

第六章

整个基座的高度

古代建筑师将基座称为柱座，虽然在当时它并未像柱础、柱头、额枋、檐壁和檐口那样被看成是整个柱式的基本构件，但现代建筑师却把它归入整个柱式体系并纳入到柱式比例中来。

维特鲁威对于柱座并未进行太多论述，只是将柱座主要分成两类：连续式和墩座式，这样一来[28]，便形成与需要设置在柱座上的柱子数量相当的构件。维特鲁威将之称为"小长凳"[29]，因为在一段连续式的柱座上，安设的每一个柱子形成一条直线，这使得柱座看上去就像长凳一样。但是，他没有谈及到关于任何一种类型柱座的比例问题。

古代建筑中，我们可以看到蒂沃利的维斯塔神庙、福耳图那神庙和金史密斯拱券都属于连续式基座，而马塞卢斯剧院、万神庙祭坛、罗马斗兽场以及提图斯拱券、塞普蒂默斯拱券和康斯坦丁拱券都属于墩座式基座。这些基座只有在爱奥尼式、科林斯式和混合柱式中才能找到，但它们的比例却各不相同。然而，这些基座之间并非毫无联系；像柱子一样，这些基座都有着相同的渐进升高增量。爱奥尼式的基座为 5 个模数，科林斯式的为 6 个模数，而混合柱式的为 7.5 个模数。因此我们可以推出渐进升高增量大约为 1 个模数。

[78]

现代建筑师对五种柱式的整个基座高度都进行了规定，很多人还遵循古代的传统，将柱式间的高度渐进设置为等量连续性渐进。维尼奥拉和塞利奥则为不同柱式设计了高度相同的基座。从塔斯干式到混合柱式渐进增量的总和在不同现代建筑师的作品中变化多样，同样在古代建筑师的作品中从爱奥尼式到混合柱式的增量总和也各不相同。根据下表所列的例子，这个增量总和为 2 – 4 个模数不等。

为了将这些不等的增缩变化简化为这些建筑师为与其在第三章中所提出的方法保持一致而表明的极端值之间的一个平均值，我将整个塔斯干基座高度设定为 4 个柱子半径或模数，即 6 个小模数。这个高度正是极端值之间的平均值，也就是说位于建筑师为该柱式基座所设定的最大值和最小值之间。我还将混合柱式柱子基座的半径设定为 6.5 半径，或是 10 个小模数，这个半径在高度上又一次处于曾给出的极端值之间。接下来，我们可以得出增量总和为 2⅝ 个柱子半径。如果我们把这个值再除以 4，那么两个柱式间的基座高度增额则为 2/3 个模数或半径，即 1 个小模数。结果我们可以得出，塔斯干式基座高度为 6 个小模数，多立克式为 7 个小模数，爱奥尼式为 8 个小模数，科林斯式为 9 个小模数，而混合柱式为 10 个小模数。根据下表所示，渐进增量为 1 个小模数，其中维尼奥拉设计的塔斯干式基座最高，为 5 个模数，而帕拉第奥设计的塔斯干式则最低，只有 3 个模数，两者之和为 8 个模数。这个总值的一半是 4 个模数，即 6 个小模数，这也就是我所要的平均值。在多立克柱式中，塞利奥设计的基座最高，为 6 个模数，而帕拉第奥设计的最低，只有 4 个模数 5 分度，二者之和为 10 模数[30]，5 分度。由此我们可以得到其均值为 4 模数 20 分度，即 7 个小模数。在爱奥尼式中，福耳图那神庙的基座最高，为 7 模数 12 分度，而马塞卢斯剧院的基座最低，只有 3 模数 8 分度，二者之和为 10 模数 20 分度。由此，我们可以得到其平均值为 5 模数 10 分，即 8 个小模数。在科林斯式中，万神庙祭坛的基座最高，为 7 模数 28 分度，而罗马斗兽场的基座最低，只有 4 模数 2 分度，二者之和为 12 模数。由此我们取其平均值为 6 模数，即 9 个小模数。

在混合柱式中，金史密斯拱门的基座最高，为 7 模数 8 分度，而最低的是斯卡莫齐的设计，只有 6 模数 2 分度，二者之和为 13 模数 10 分度。由此，我们可以得到其平均值为 6 模数 20 分度，即 10 个小模数。

基座高度表

		模数	分度	平均高度	
				平均模数	小模数
塔斯干	帕拉第奥	3	0	4	6
	斯卡莫齐	3	12		
	维尼奥拉	5	0		
	塞利奥	4	15		
多立克	帕拉第奥	4	5	4 – 20 分度	7
	斯卡莫齐	4	8		
	维尼奥拉	5	4		
	塞利奥	60			
爱奥尼	福耳图那神庙	7	12	5 – 10	8
	马塞卢斯剧院	3	8		
	罗马斗兽场	4	22		
	帕拉第奥	5	4		
	斯卡莫齐	5	0		
	维尼奥拉	6	0		
	塞利奥	6	0		
科林斯	万神庙祭坛	7	28	6	9
	罗马斗兽场	4	2		
	帕拉第奥	5	1		
	斯卡莫齐	6	11		
	维尼奥拉	7	0		
	塞利奥	6	15		
混合柱式	金史密斯拱券	7	8	6 – 20	10
	帕拉第奥	6	7		
	斯卡莫齐	6	2		
	维尼奥拉	7	0		
	塞利奥	7	4		

第七章

柱子基座各部分之间的比例

柱子基座由柱础、台座或鼓座，和柱基檐口构成，这些构件的比例在古代和现代建筑中都各不相同，变化万千。古代建筑师遵循的一般做法是：柱础应当比柱基檐口更大一些；而对于构成柱础的两个部分，应当确保基底石比柱础线脚要大，它们共同构成了柱础的支撑部分。在现在建筑师中，塞利奥和维尼奥拉设计的基底石要小于基底线脚，他们并没有遵循这些比例规则。通过这样的规则，我们可以看出这些建筑师可能是在模仿柱子的柱础构件，因为这些柱子的方形底座只有柱子基座的 1/4 或 1/3 高。

帕拉第奥和斯卡莫齐在比例问题上遵循了古代的规则，但是，在实践中，他们一直坚持将柱基的高度设置为柱基檐口高度的两倍，这与传统做法完全一致。斯卡莫齐在其设计的混合柱式、爱奥尼式和多立克式中都将方形底座的高度设计为基底线脚高度的两倍。

如果想要为这三个部分设立一个固定的比例，例如我所为其分配之比例，只需要对三者之间的比例加以微小的调整就可以了。我们可以简单地将所有柱式的柱基设置为整个基座高度的 1/4，将柱基檐口和方形底座分别设置为基座的 1/8 和 2/3。如下表所示，达到我在本文所提出的比例，无论是古代还是现代建筑，所需要调设的比例幅度都是很小的。同时我还要指出，这里并不是在讨论基座与整个柱式构件的比例，所指的比例是指基座各个部分相对于整个基座的比例。而基座对于整个柱式构件的比例在前面一章已经作了相应的解释。

因此，我将每一种柱式的基座都均分成 120 个小的等份（微份），在这里"等份（微份）"并不指代"分度"。如前所述，本文中我所理解的"分度"指的是柱子直径的 1/60，是一个固定的尺寸。而这里的"等份（微份）"是指的每个基座的 1/120，与基座本身的尺寸大小无关。据此，按照我在本文推荐的平均比例，我设定整个基座的基底约占 30 微份，为整个基座的 1/4。基底石为 20 微份，占基底的 2/3；而剩下的基底线脚为 10 微份。我设定檐口的高度为 15 微份，而剩下的 75 微份则是基座身的高度。这些数据都对应着古代建筑的一个平均比例，如下表所示（每一柱式中基座的每个部分所占的微份都一一列出）。因此，为了得到方形底座的平均高度，我将福耳图那神庙的基底石（所有柱式中基底石的最高值）高度比例 30 微份与康斯坦丁拱门（基底石的最小值）的基底石高度比例 10 微份相加，然后除以 2 得出基底石的平均值为 20 微份。

基座构件高度表

		基底石	柱础线脚	基座身	柱础上沿线脚
		等份	等份	等份	等份
多立克	帕拉第奥	25	6	68	18
	斯卡莫齐	27	14	60	21
爱奥尼	福耳图那神庙	30	12	66	19
	罗马斗兽场	28	8	73	11
	帕拉第奥	22	11	70	17
	斯卡莫齐	25	12	65	18
科林斯	康斯坦丁拱券	10	14	79	17
	罗马斗兽场	24	11	73	12
	帕拉第奥	29	12	73	15
	斯卡莫齐	18	11	77	14
混合柱式	提图斯拱	26	14	67	13
	金史密斯拱券	19	9	84	11
	帕拉第奥	21	10	74	15
	斯卡莫齐	21	10	74	15
	塞普蒂默斯柱廊	15	14	76	14
	平均尺寸	20	10	75	15

　　通过同样的方式，我将组成基底线脚的高度划分为 10 微份，以福耳图那神庙的基底线脚（所有柱式中线脚的最高值）的高度 19 微份与罗马斗兽场（线脚的最小值）11 微份相加，得出 30 微份。将 30 微份除以 2 之后就可以得出线脚的平均值 15 微份。[31]最后，还是通过同样的程序，我们可以算出构成基座高度的平均值为 75 微份。将金史密斯拱门（其基座身比例最高）84 微份加上福耳图那神庙（基座身比例最低）66 微份，将二者之和除以 2 后得出基座身的平均值 75。

　　所有柱式的柱基台座的固定宽度都比较统一，与柱础的凸出部分一致。这种凸出部分在所有柱式中都大致相同，这一点在第三章中已经提出，在以后的章节中还会详加论述。

第八章

柱子的收分与起鼓

[82]

对于建筑来说，坚固以及坚固的外观是十分重要的，在前面我们已经说过，这两点还是决定建筑美感的重要因素。所有的建筑师都将柱子的顶部设计得比底部细小，我们将之称为收分。还有些人会将柱子靠中段的部分加粗，使之比底端更为厚实，我们则将之称为起鼓（*enflement*）。[32]

维特鲁威在柱子收分变化的时候是按照柱子有多少尺高而计算的，而并不是按照以模数计算的柱子高度。因此在他看来，一根长 15 尺的柱子的顶端直径需要收缩到其柱础直径的 1/6，而长 50 尺的柱子则只需要收缩到柱础直径的 1/8 就可以了。不过，维特鲁威还是对其他中等长度的柱子制定了收分的比例。不过，古代的建筑师并没有遵守这些规定。虽然和平神庙、万神庙柱廊、罗马广场（罗马畜牧场）和安东尼教堂中的各种柱子都是巴克斯神庙中柱子的 4 倍，但这些柱子的收分却是一致的。福斯蒂娜神庙、协和神庙、塞普蒂默斯柱廊和戴克里先浴场等建筑的柱子都十分宏大，而它们的收分却往往大于那些还不及其一半高的柱子，如提图斯拱门、塞普蒂默斯拱门和康斯坦丁拱门。实际上，这些小型柱子的长度都小于 15 英尺，然而它们的收分却只有柱础直径的 1.5/7，低于维特鲁威所规定的 1/6。同时，即使是那些长度超过 50 英尺的大型柱子，其收分往往也是 1.5/7，高于维特鲁威的所规定的 1/8。

柱式也不是柱子收分的决定因素，因为在各种柱式中，我们可以找到各式各样的收分。不过，塔斯干式柱则是例外，维特鲁威规定它的收分为柱础直径的 1/4。不过，现代建筑师并没有遵循维特鲁威的这个规定，例如维尼奥拉设计的柱子收分就仅为 1/5。图拉真纪功柱是唯一尚存的古代塔斯干式建筑，其收分更小，只有 1/9。因此，为了在这些柱式中保留一个处在极端值之间的收分平均值，我将塔斯干式柱的收分定为 1/6，而不是另外四种柱式的

[83]

1.5/7。如果柱子收分会根据柱式发生改变，那么我们就有理由将长度与粗细之比最低的柱式收分设置得比其他柱式更低一些，因为在这些柱式中，柱子的收分最为明显。然后，由于维特鲁威为塔斯干柱式所确定的收分被大多数建筑师所遵从，我还是认为，作为建筑学的主要规则，出于对惯例的尊重[33]，对于塔斯干柱式的收分还是应该相对增大一些。

在下表中，我已经列出了各种柱式的相关数值及其收分。通过这些例子，我们可以看出古人为柱子设计的收分既没有依照柱式不同进行区别，也没有

将之和柱子本身的高度联系起来。同一柱式中高度相同的柱子之间的收分千变万化，而那些柱式不同、高度也不相同的柱子之间的收分却是一致的。例如，根据下表的例子我们可以看出，马塞卢斯剧院的多立克式柱子和罗马斗兽场中的多立克式柱子的高度是相同的，但它们的收分却不一样。其中一个的收分为 12 分度，另一个仅为 4 分度。福耳图那神庙（Temple of Fortuna Virilis）和罗马斗兽场的爱奥尼式柱子的高度也相同，但二者的收分却分别为 7 分度和 10 分度。而另一方面，福耳图那剧场与塞普蒂默斯柱廊（Portico of Septimius）的柱子收分相同，但前者为 22 英尺高的爱奥尼柱式，后者为 37 英尺高的科林斯柱式。

现在，我将从下表所列的所有柱子中取一个收分的平均值：将最小的收分与最大的相加，然后除以 2 得到约为 8 分度的平均值。表中收分最小的为罗马斗兽场的多立克式柱，仅为 4½ 分度。而收分最大的为马塞卢斯剧院（Theater of Marcellus）的多立克式柱，为 12 分度。如果我们将二者相加，其和为 16½ 分度，除以 2 后得出平均值 8¼ 分度。但如果我们将下表中余下建筑里比例最小的安东尼巴西利卡（Basilica of Antoninus）的比例数值（6⅛）加上比例最大的协和神庙（Temple of Concord，10½），得出 16⅝ 分度，那么平均值则为 8⁵⁄₁₆ 分度。这个 8 分度的平均值相当于柱础直径的 1.5/7，即 1/5 小模数，或者是从柱子每一侧面推算出的 4 分度。在表中，我并未列出现代作品的收分，因为和古代建筑一样，它们的收分因建筑师和柱式而异。

柱子的收分方式有三种：第一种方式最为常见，即从底端开始，延续性地向顶端收缩；第二种方式在古代也十分流行，即从柱础向上 1/3 处开始收缩；第三种方式在古代并不常见，主要是将柱子的中段附近加厚，然后朝两端——柱础与柱头——进行收缩。这种做法就像是给柱子加了一个"肚子"一样，被称为起鼓。

有些现代建筑师让柱子起鼓是基于维特鲁威的相关著述，虽然他在书中表示要为柱子起鼓设立准则，然而这个承诺却没有兑现。不过，维尼奥拉为柱子的起鼓设计了一套巧妙的方法：从层面看，构成柱子平面的两条边线都以相同的比例向两端弯曲，而它们向顶端的内曲线比向底端的内曲线要深一倍。布隆代尔先生（Blondel），在他对于建筑的四个主要问题的论著中就提到过，如何使用尼克美狄斯（Nicomedes）的划线工具（被古人称为 conchoid）将曲线一笔画出。[34] 这个方法只能用于绘制那些垂直归于底端而不是弯曲而向底端收缩的线。为了保证底端不会被缩得过小，下端收缩的长度只能是收缩点到底端整个长度的 1/3，余下的部分要保持垂直且平行，因为柱子的底端是不能被收缩的，古代和现代的建筑师从未这样做过。

柱子收分表 [84]

		柱身高度		直径		收分
		英尺	英寸	英尺	英寸	分度
多立克	马塞卢斯剧院	21	0 – 0	3	0 – 0	12 – 0
	罗马斗兽场	22	10 – ½	4	8 – ¼	4 – ½
爱奥尼	协和神庙	36	0 – 0	4	2 – ½	10 – ½
	福耳图那神庙	22	10 – 0	2	11 – 0	7 – ½
	罗马斗兽场	23	0 – 0	2	8 – ¾	10 – 0
科林斯	和平神庙	49	3 – 0	5	8 – 0	6 – ½
	万神庙柱廊	36	7 – 0	4	6 – 0	6 – ⅛
	万神庙祭坛	10	10 – 0	1	4 – ½	8 – 0
	维斯塔神庙	27	5 – 0	2	11 – 0	6 – ½
	西比尔神庙	19	0 – 0	2	4 – 0	8 – 0
	福斯蒂娜神庙	36	0 – 0	4	6 – 0	8 – 0
	罗马畜牧场柱子	37	6 – 0	4	6 – ½	6 – ½
	安东尼教堂	37	0 – 0	4	5 – ½	6 – ⅛
	康斯坦丁拱券	21	8 – 0	2	8 – ⅔	7 – 0
	万神庙室内	27	6 – 0	3	5 – 0	8 – 0
	塞普蒂默斯柱廊	37	0 – 0	3	4 – 0	7 – ⅓
混合柱式	戴克里先浴场	35	0 – 0	4	4 – 0	11 – ⅓
	巴克斯神庙	10	8 – 0	1	4 – ¼	6 – ½
	提图斯拱券	16	0 – 0	1	11 – ⅔	7 – 0
	塞普蒂默斯柱廊拱券	21	8½	2	8 – ½	7 – 0

第九章

柱础的出挑

[85]

　　我认为柱础的凸出线脚在所有柱式中也没有差别，因为无论是在古代还是在现代建筑中，同一柱式中的凸出线脚既有可能相同也有可能相异，同一个柱式也会时大时小。例如，罗马斗兽场多立克式柱子柱础的凸出线脚就和其内部科林斯式柱式以及协和神庙里爱奥尼柱式的凸出线脚相同。塞利奥设计的柱子中，塔斯干式凸出线脚就比混合柱式的要大，而在斯卡莫齐的设计中，混合柱式的凸出线脚却大于塔斯干式。

　　维特鲁威对于柱础出挑的设置规定得十分模糊。他为柱础出挑作了一个总的比例规定——每一侧的比例都为 1/4 半径；这个数值要大于任何古代建筑师实际操作时使用的最大比例。但他对爱奥尼式柱础作出的规定（他并未将之和科林斯式区分开来）却只比古代建筑里最小的凸出线脚略大一点点。

　　根据我的假设，所有柱式的柱础宽度都为 84 分度，以柱子中心为分界点，两边的宽度分别都为 42 分度，因为我在 30 分度的半径上增加了 12 分度。在第三章里我们提到，这 12 分度由 5 等分的 3 份（4 分度）组成，可以用来整除小模数（20 分度）。通过下表我们可以证实这样一点，无论在古代还是在现代建筑中，这 12 分度都是它们凸出线脚的平均值。这个平均值得来的方式和上一章我们制定柱子收分的做法一样：如果我们将最小的半边柱础凸出线脚宽度[35]40 分度（如罗马斗兽场的科林斯式柱子），加上最大半边柱础宽度44 分度［如提图斯拱券（Arch of Titus）］，得出 84 分度，除以 2 便得出所讨论的平均宽度 42 分度。同样，如果我们将表格中余下建筑的柱础宽度最小的万神庙柱廊柱子的宽度值 41，与宽度最大的福耳图那神庙柱子的宽度值 43，二者相加再次得出 84 分度。

柱子的柱础出挑表 [86]

	塔斯干	多立克	爱奥尼	科林斯	混合柱式
万神庙柱廊				41	
罗马畜牧场柱子				42	
万神庙柱廊壁柱				43	
戴克里先浴场				42	43
图拉真纪念柱	40				
帕拉第奥	40	40	41	42	42
斯卡莫齐	40	42	41	40	41
维尼奥拉	41	41	42	42	42
塞利奥	42	44	41	40	41
福耳图那神庙			43		
罗马斗兽场		40	40	40	
巴克斯神庙					41
提图斯拱券					44
塞普蒂默斯拱券					41

第十章

柱础及柱础上沿的凸出线脚

由于柱子基座在古代建筑中从一开始便不被经常使用，现代建筑师更无需费力去遵循什么从古代流传下来的那些基座比例的传统原则。首先，他们摒弃了古人为柱基设立的大的凸出线脚，现代建筑师实际设计中所使用的比例最多只有这个数值的 1/3 或稍多一些。我们从古代建筑师使用的总体规则中可以得知的是：他们将出挑的比例与基座的高度联系起来。现代建筑师并没有这样做；无论各种柱式中基座的高度如何变化，他们为所有柱式设计的出挑是相同的，我认为他们这样做不妥。如果各种柱式的柱础出挑相同，那是除了塔斯干柱式因为其柱础包括了唇饰而显得较矮之外，其他各种柱式尽管柱子高度各异，但是柱础高度大致相等。因此，基于同样的理由，不同柱式的基座高度不同，那么柱础相对于整个基座高度的出挑也应该有所变化。

为了尽量避免和建筑大师们产生太大的分歧，我们将采取折中原则，即按照古代的传统，将基底凸出线脚与基座高度相联系，又遵循现代建筑原则，将古人总是设计得过大的凸出线脚进行削减。很明显，现代建筑师削减过大的凸出线脚的原因是为了追求建筑坚固的外观，这一点我们已经在前面进行过论述。如同过宽的地基不够稳定一样，如果基底的凸出线脚太大，就会使其看上去不够结实而无法承载柱石鼓。因为这样的柱础是由石头一块一块垒起来的，柱础最底端的外缘部分并不承受墙体的垂直分量，只有墙体边缘以外的自重，所以会变得脆弱。因此，如果我们希望柱础能够稳固，就应当使砖石构件之间的间距小而又小。

因此，在所有柱式中，我认为基底凸出线脚的长度应该与基座除去基底石之后的高度一致。这样，由于不同柱式基座的基底高度不同，它们的凸出线脚也应相异。

古代建筑师和大多数现代建筑师都将柱础上沿的凸出线脚，设计得与柱础底基的凸出线脚相等或者稍大一些。这样做是有道理的，因为如果柱础上沿线脚需要包住某个构件，那么它就必须比这个构件更大一些。但是，德洛姆却认为柱础底基部分的凸出线脚应该大于柱础上沿的凸出线脚，然而在实际设计中，他并没有遵循自己的数值。

下表所示的是古代和现代建筑中柱础和檐口的凸出线脚，最后面是我测算出的平均值。基座外表面（nû）之外的柱础和檐口的凸出线脚为分度。而基座整体高度的比例单位为平均模数。

基座柱础和檐口的出挑表 [88]

		柱础出挑	檐口出挑	基座基底的总高度	
		分度	分度	平均分度模数	
多立克	帕拉第奥	16	16	4	20
	维尼奥拉	11	11	5	10
	我们的尺寸	12	14	4	20
爱奥尼	福耳图那神庙	26¼	13	7	4
	帕拉第奥	14	14	5	5
	维尼奥拉	14	16	6	
	我们的尺寸	14	17	5	⅓
科林斯	蒂沃利的维斯塔神庙	24½	24	6	7
	帕拉第奥	16	16	5	
	维尼奥拉	13	13	6	6
	我们的尺寸	15	19	6	
混合柱式	提图斯拱券	28	27	8	15
	塞普蒂默斯拱券	24⅔	25⅓	6	
	帕拉第奥	14	14	6	⅓
	维尼奥拉	13	13	7	
	我们的尺寸	16	22	6	⅔

　　这里所列的基座基底与檐口凸出的平均值并不是严格按照从表中极值之间取均值获得的。不过，它们已经能够体现各个或大或小的例子之间的大致平均水平。例如，根据我所设计的多立克式基座基底的凸出比例的均值为 12 分度，这个数值大于维尼奥拉设计的 11 分度，又小于帕拉第奥设计的 16 分度，但与其他建筑师的是一样的。

第十一章
檐部檐口的出挑

[89]　　维特鲁威对于建筑各个部分的出挑作过一个统一的规定：他认为这些部分的深度应当同向外挑出部分相一致。很明显，这个法则只能适用于整个檐部的檐口构件的出挑，并与其高度相联系；因为檐口部位有很多其他的独立单元，例如齿饰，它的出挑就远比其整个高度比例要低。而在檐顶滴水板上，其整体高度比例却又低于出挑。即使在整个檐口的建构上，古代和现代的建筑师都经常忽视维特鲁威设立的这个法则。在古代，檐口的出挑并不低于檐口整体高度，这一点和现代建筑著作中提到的观点不同，现代建筑师都习惯于将檐口设置得更高一些。

　　很多建筑师都认为，建造精巧绝伦的作品首先需要能够注意到建筑多变的规格、外表以及环境，并据此作出判断，决定如何调节各个部分之间的比例。[36] 他们认为根据檐口之间的距离不同，有些建筑需要更为宏大的檐口出挑，改变其外观；而由于檐口距离地面的高低，檐口出挑从外观上看会和其实际比例有些差异。因此，这些建筑师称，为了弥补这点不足，他们需要增加或减少原有的出挑；他们还试图让人们相信这是造成古代建筑檐部檐口出挑各不相同的原因。但很显然古人并无此意，按照上面的观点，很多古代建筑的檐口出挑本应当根据建筑的宏伟的外观而更深远，但实际上这些比例都比较小。例如万神庙，其柱廊中柱子的檐口出挑就小于神庙内部柱子上的檐口出挑。另外，在很多建筑中，有些柱子檐口出挑的比例都与控制建筑大小的模数保持一致，因为即使在最大规模的建筑中，檐口出挑都等于或者甚至小于檐口高度比例。和平神庙、罗马畜牧场以及戴克里先浴场都是拥有最大模数的古建筑，但它们柱子的檐口出挑都小于规模最小的建筑中的柱子檐口出挑，如蒂沃利的维斯塔神庙。下表中的数值都表明，檐口出挑的变化并无规律可循，完全是随意为之：有些小规模的建筑，其出挑的比例也比那些大建筑的要小。例如万神庙，虽然其祭坛柱式只有其柱廊柱式高度的 1/4，但前者的檐口出挑却也小于后者。在后面我还会单列一章详细叙述比例的调整问题。

檐部的不同出挑表

[90]

檐口出挑远大于高度	柱式尺寸		檐口高度远大于出挑	柱式尺寸	
	分度	英尺		分度	英尺
蒂沃利的维斯塔神庙	4 – 0	25 – 4	金史密斯拱券	6 – 0	17 – 0
			万神庙祭坛	7 – 0	16 – 0
罗马斗兽场的爱奥尼	1 – 0	25 – 0	提图斯拱券	0 – 0	25 – 0
罗马斗兽场的多立克	0 – ¼	31 – ⅓	马塞卢斯剧院的爱奥尼	9 – 0	28 – 0
康斯坦丁拱券	0 – 0	40 – ⅓			
塞普蒂默斯拱券	2 – 0	40 – 0	巴克斯神庙	5 – 0	28 – 7
万神庙室内	0 – ⅓	47 – 0	罗马斗兽场的科林斯	3 – 0	30 – 2
协和神庙	16 – 0	53 – 7			
福斯蒂娜神庙	0 – ½		福耳图那神庙	12 – 0	32 – 0
斯卡莫齐的爱奥尼	3 – 0		塞普蒂默斯拱券	13 – ½	33 – 0
帕拉第奥的科林斯	0 – ½		万神庙柱廊	2 – 0	54 – 0
维尼奥拉的科林斯	4 – 0		三种柱子	1 – ½	58 – 0
帕拉第奥的混合柱式	1 – 0		和平神庙	7 – 0	58 – 0
斯卡莫齐的混合柱式	1 – ¼		帕拉第奥的爱奥尼	7 – 0	
			维尼奥拉的爱奥尼	1 – ½	

　　从上表我们可以看到前面所举例子的详细数值。

　　所有这些檐口的不同比例为我们从中确认一个平均值提供了依据，根据这个平均值我们就可以为任何柱式提供与其檐口等高的出挑，不过带有檐底托板的多立克柱式除外，因为它们的长度可以允许我们给予整个檐口比高度更为大的出挑。但如果檐口处并没有檐底托板，那么出挑应当与檐口高度比例相当，例如在著名的罗马斗兽场上的柱子就是这样。

第十二章

柱头的比例

尽管不同柱式的柱础各式各样，有些比较简单，而有些则有很多装饰线脚①，但是它们的高度却是一致的，都等于柱身根部的半径。只有塔斯干柱式是一个例外，因为其柱根部位的带状线脚①也包括在柱础的半径之内。但柱头的设置则完全不同，因为这五种柱式一共有 3 种高度。塔斯干柱式和多立克柱式柱头的高度与它们柱础的高度相当。科林斯柱式和混合柱式的高度是其柱础直径的 1⅙，也就是 3½ 个小模数。最后，爱奥尼式柱式相对于自身有一个特殊的比例，其从串珠线脚顶面到柱头涡形花卷底部的高度是 11/18 个半径，这些尺寸造成了一些彼此相含的比例。

然而，这样一种简单的比例在其他柱式的柱头中，无论是在古代的作品中还是在现代的著作中，都没有发现。图拉真纪功柱塔斯干式的柱头高度比柱身根部的半径要短⅓。马塞卢斯剧院的多立克式柱头却比其柱础半径要高 3 个分度，而罗马斗兽场的柱头则比柱础半径高 8 个分度。在维特鲁威的作品中，科林斯柱头比其柱础半径短 1/6，而在西比尔神庙科林斯柱式的柱头之比其柱础半径短 13 分度。在尼禄金殿的正立面和罗马维斯塔神庙，同样柱式的柱头比其柱础半径分别高出 6 个分度和至少 7 个分度。巴克斯神庙的混合柱式柱头比其柱础半径高出 6 个分度。而塞普蒂默斯拱券和金史密斯拱券相同柱式的柱头却要比柱础半径低 1.5 个分度。

结果，我们根据这些变化多样的柱头高度得出一个大概的均值。这个均值在塔斯干式和多立克式中只有柱础直径的一半，而在科林斯式和混合柱式中，这个均值相比柱础直径高出 1/6，也就是 70 分度或 3.5 小模数。

---

① 此处指水平带状带饰线脚的厚度。——译者注

第十三章

柱身唇饰与半圆凸线脚的比例

在所有柱式中，柱身或柱茎的两端都会有相应的承接构件，这些构件通
常是相近的：上端为带有带饰的半圆线脚，而下端则是一个大型的边饰，被
称为唇饰。在古代建筑中，这些装饰构件没有固定的比例，变化无常，且无
任何依据。现代建筑师对于这些装饰的设计上也各不相同，不过我相信，既
然我们可以为不同柱式的檐部设定一个统一的高度比例，那么我们也就能够
为这些装饰构件找到某种统一的比例。因为在那些精细的柱式中，柱子变得
长了，这些装饰构件，尽管厚度相同，但它们却和柱子高度形成某种更为细
腻的比例，或者至少看上去是这样。

我为唇饰设定的规格为柱础的 1/20。万神庙中柱子的唇饰就几乎接近这
个数值，后来又被维尼奥拉、塞利奥和阿尔伯蒂（Alberti）所采用。在其他
一些古建筑中，唇饰似乎更高一些，例如安东尼神庙、福斯蒂娜神庙、巴克
斯神庙、塞普蒂默斯拱券和戴克里先浴场中的柱子唇饰。另外还有一些建筑，
如罗马的维斯塔神庙、福耳图那神庙和提图斯拱券等，它们柱子上的唇饰又
要小一些。我个人认为，我们应该采用高唇饰的设计，而不宜将其设定得太
矮，如维斯塔神庙，其唇饰只有柱础直径的 1/6。因为这个构件由柱础所支
撑，而其本身又可以被看成是柱子的基础，需要很高的强度。因此，唇饰高
度的变化是与其圆盘线脚规格的变化相对应的，因为只有圆盘线脚足够大，
唇饰才可能拓宽，例如雅典柱式和爱奥尼柱式的柱础。古代建筑师并没有考
虑到这一点，尽管科林斯柱式的上圆盘线脚没有雅典柱式的厚，但在阿提克
式柱和科林斯式柱中，唇饰设计规格大小多变，有时很大，有时却很小。

在有些情况下，建筑没有设置唇饰，用带有槽楞的半圆线脚取而代之，
例如和平神庙、罗马畜牧场的三柱、安东尼教堂和康斯坦丁拱券中的柱子等。
现代一些建筑师，如帕拉第奥、斯卡莫齐、德洛姆和维尼奥拉等人[37]，也竞相
模仿。不过我还是倾向于唇饰，因为半圆线脚复杂的线型会对判断造成混淆，
而且用半圆线脚作为柱子的基础，会使人觉得比较薄弱，而且环绕一圈的半
圆线脚，还容易产生将柱子放倒的感觉。如果使用方形的唇饰，从外观上看，
整个柱式就牢固多了。

我设定的柱顶端半圆线脚高度是柱础直径的 1/18，也就是 1/6 个小模数。
尼禄金殿的正立面、安东尼教堂以及蒂沃利的西比尔神庙中半圆线脚的设计
都使用的是这个比例。这个高度比例是通过在最大比例的半圆线脚（塞普蒂

默斯拱券、内尔瓦广场、福耳图那神庙和巴克斯神庙，其半圆线脚高度比例为比均值大1/3 到1/2）和最小比例的半圆线脚（罗马的维斯塔神庙，其半圆线脚高度比例只有均值的1/2）之间取均值的方式得来的。有些现代建筑师使用的比例也偏向极端，例如塞利奥使用的比例就只有帕拉第奥和巴尔巴罗（Barbaro）的1/2。[38]

但我之所以为所有柱式选取这个数值的主要原因是：爱奥尼柱式柱顶的半圆线脚所使用的，就是这个比例，与涡形卷的宽度比例相当，我们将在下文中适当的地方对其进行论述。由于这个比例是取自爱奥尼柱式，所以我认为这个比例应该可以使用于其他柱式。得出这个比例的过程与测算塔斯干柱式唇饰规格的方法一样（将柱础的上半部分为 5 等份，每等份为柱身柱础半径的 1/12）。这个唇饰比例让我们能够调置其他所有柱式，使得其唇饰比例保持一致。

根据巴克斯神庙、蒂沃利的西比尔神庙、协和神庙、安东尼教堂和塞普蒂默斯拱券以及斯卡莫齐、帕拉第奥、卡塔尼奥（Cataneo）[39]和其他现代建筑师的设计，我将槽楞尺寸设定为半圆线脚的一半。当然古代和现代的建筑设计中也有很多和我的设定大相径庭。因此，在二者之间设定一个均值是很必要的，这样可以在按照不同准则建造的建筑之间寻求一种平衡。在本文中，我将继续遵循这种做法。

本书上篇主要是对建筑主要构件的主要比例及其在不同柱式之间的关系进行概述。接下来，我们将要以同样的方法对每个构件进行精确的比例划分，同时还要对古代相关建筑的种种不同特性以及现代建筑师们关于建筑柱式的著作进行论证。

EXPLANATION OF THE FIRST PLATE

对第一个图版的说明

此图版包括本书上篇所论述到的所有内容：所有柱式中高度、宽度以及出挑部的相关比例。高度由整个模数决定，出挑部分的基础计算单位为 1/5 模数。同时，我们还将柱础直径的 1/3 归为一个新的单位——小模数。

在图版中我们可以发现，所有的檐部高度都为 6 个模数，即柱础直径的两倍。不同柱式间柱子的高度以平均 2 个模数的单位渐进升高：塔斯干式柱子高 22 个模数，多立克式高 24 个模数，爱奥尼式高 26 个模数，科林斯式高 28 个模数，混合柱式高 30 模数。而不同柱式间基座的高度则以平均 1 个模数的单位渐进升高：塔斯干式的基座高 6 个模数，多立克式高 7 个模数，爱奥尼式高 8 个模数，科林斯式高 9 个模数，混合柱式为 10 个模数。每一基座被分成 4 等份，整个基底占 1/4，基底檐口占 1/8。整个基底可以被分为 3 个等份，装饰线脚占 1 个等份，另外 2 个等份则是基底石的高度。最后，柱础的出挑与其装饰线脚的高度比例相当。

根据此图版，其他部位的出挑的计算单位为 1/5 模数。柱身底端出挑的宽度应当大于柱顶出挑的宽度。柱顶的出挑被称为收分，只有 1/5 模数，位于 A 和 B 之间。柱身底部唇饰或槽楞的出挑部分也为 1/5 模数，位于 B 和 C 之间。柱顶半圆脚线与柱底凹弧线脚的出挑也是 1/5 模数，位于 C 与 D 之间，而整个柱础的出挑位于 D 和 E 之间。这些构件各自都占 4 分度，而柱础的直径为 60 分度，平均模数为 30，而小模数为 20 分度。

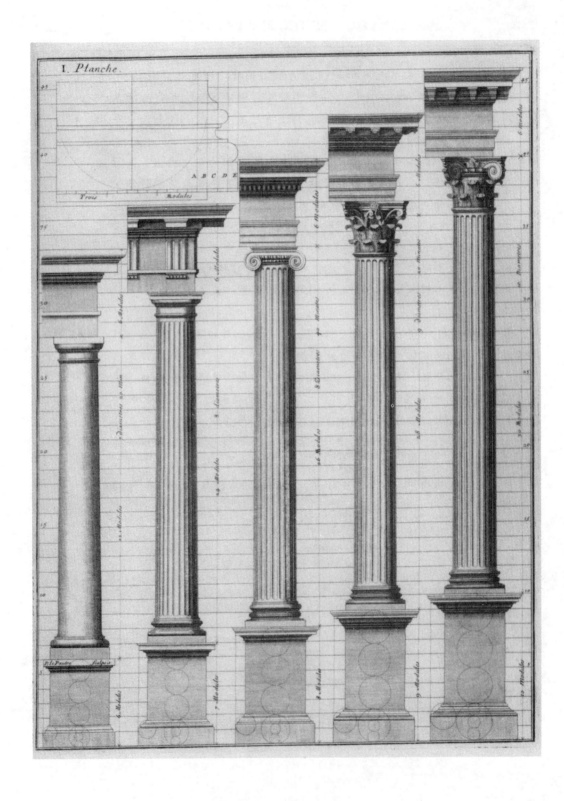

下　篇
柱式分论

第一章
塔斯干柱式

　　希腊人所发明的柱式只有三种：多立克、爱奥尼和科林斯式。后来，罗马人又添了两种：塔斯干柱式和混合柱式，有些人也将之称为意大利式。一般来说，后两种柱式与希腊柱式相比并没有本质上的不同，因为塔斯干式总体上看与多立克式很相近，而混合柱式也类似于科林斯式。但希腊人自己的三种柱式之间差别就很明显和突出了，在本书上篇第一章里面，我们已经对此作了详述。

　　塔斯干柱式与多立克柱式的不同之处，仅在于它将柱身缩短并且简化微缩了那些用来装饰的线脚。由于基座上柱础和檐口的装饰线脚减少，所以整个柱式就显得更宏伟。这样一来，虽然塔斯干柱式在基座柱础和檐口的高度比例上与其他柱式一致，但其装饰线脚就显得要少一些。除此之外，此柱式的柱础只有一个圆盘线脚，没有凹弧线脚；柱头的柱顶盘上没有 S 形双曲线卷；檐部没有三陇板或檐底托板；檐口的装饰线脚也不多。

　　在本书上篇里面，我们已经详细地讨论过这种柱式主要组成构件的通用比例。根据我们的结论，整个柱式，包括基座、柱子和檐部，其高度为 34 个小模数，其中基座高度为 6 个小模数，柱子高度为 22 个小模数，檐部高为 6 个小模数。此外，我们还说到过这三个部分中各子构件之间的比例在所有柱式中都是一致的：柱础为基座的 1/4；柱础上沿线脚为基座的 1/8；基底石占整个柱础的 2/3。现在，我们要来详细地讨论一下柱式中每个组成构件的比例，这些构件从整体上构成了此柱式区别于其他柱式的特点。

柱础的底基部分

　　塔斯干柱式的柱础和其他柱式的一样，都被分为三个部分：柱础底基、柱础基座和础座上沿线脚。柱础底基又可以再细分出两个构件：基底石和柱底线脚。如此，如前面我们已经讨论过的，正像整个柱子的各个组成部分之间存在着某些比例，随着柱式高度的增加而变得愈发精致一样，柱础的装饰线脚和础座上沿线脚的比例也可以有同样的效果。当装饰线脚的数量增加时，其外观在大小尺寸上就被缩减，而整个柱式也就显得更为精致。装饰线脚数量在不同柱式之间渐进增加，塔斯干式柱础的线脚数量为2；多立克式为3；爱奥尼式为4；科林斯式为5；混合柱式为6。同样，塔斯干式柱础的上沿线脚有3层装饰线脚；多立克式有4层、爱奥尼式有5层、科林斯式有6层、混合柱式有7层。

为了确定这些线脚的高度和出挑，我们将整个柱础之上沿线脚和柱础的高度分成一定数量的等份（*particules*，微份），划分的等份数量随着柱式精致程度的增加而渐进递增。在塔斯干柱式中，确定装饰线脚尺寸大小的部分，其高度被划分为6等份；在多立克式中为7等份；在爱奥尼式中为8等份；在科林斯式中为9等份；在混合柱式中为10等份。柱础上沿线脚的高度在塔斯干柱式中被分为8等份；在多立克柱式中被分为9等份；在爱奥尼柱式中被分为10等份；在科林斯柱式中被分为11等份；在混合柱式中被分为12等份。在下面的图表中，阿拉伯数字代表着柱础和柱础上沿线脚被划分的等份数；罗马数字代表着每个柱础基底或柱础上沿的装饰线脚数量，这样能够让我们对这个概念更加明晰一些。

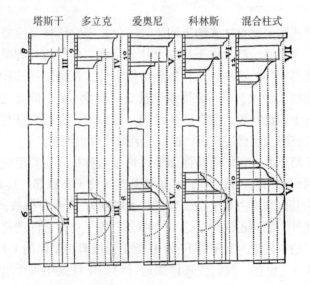

塔斯干   多立克   爱奥尼   科林斯   混合柱式

柱础上沿线脚

[99]   将带有装饰线脚的塔斯干式柱础的基座分成六等份后，我们将其中的四等份设定为凹弧饰的高度，把剩下的两等份设定为凹弧饰下的带饰高度，这

两部分构成了柱础基底的装饰线脚。柱础上沿线脚可以被分为 8 个等份，其中五个等份被分配为环饰的嵌条高度，剩下的三等份则为凹弧饰及其带饰的高度，其中带饰占有一个等份。

每种柱础的基底线脚和柱础上沿线脚的出挑与其他部分的出挑一样，其计算单位都为 1/5 小模数，这是在之前就设定好的。例如，柱子的收分为 1/5 小模数，而柱础的出挑为 3/5 小模数，等等。对于整个基座，我们已经提到过，除开基底石外柱基线脚的出挑应与其高度比例相当，而整个柱础上沿线脚的出挑则应该比柱基线脚的要高出一些。这种设计几乎适用于所有柱式，但塔斯干式除外，这种柱式柱基线脚与柱础上沿线脚的出挑相当。在构成塔斯干式柱础的各个出挑中，檐口凹弧饰出挑为 1.1 个小模数，而柱基座表面（*nû*）的柱基凹弧饰出挑则为 2/5 个小模数。

这种柱础上各个构件的比例和特点都是古代和现代各种建筑中的均值。在有些建筑中，柱础基座的装饰过于精细，例如图拉真纪念柱，在其柱础和柱础上沿线脚的装饰上，包含了所有科林斯式柱础基座的线脚。而在另外一些建筑中，基座上却鲜有装饰，例如帕拉第奥设计的塔斯干柱式，没有柱基线脚和柱础上沿线脚，只有一个方形的基底石。斯卡莫齐设计的塔斯干柱式和我们这里提到的一样，是对两种极端的折中。

柱础基底线脚

[100]

柱础基底线脚的高度与其半径相当，即 1.5 个小模数，其中包括柱础带饰的高度。柱子底基被分为两等份：第一等份为柱础基底石；而剩下的另一等份中，柱基圆盘线脚占其高度的 4/5；带饰或唇饰占其高度的 1/5，是柱身的一部分。我们在之前已经知道，柱础基底线脚高度一半的 1/5，亦即柱础直径的 1/20，可以作为所有柱式中柱础唇饰比例的计算单位。这是因为只有在塔斯干柱式中这部分的比例才是固定的，而且在古代的很多建筑中都有应用。而在其他的建筑中，有些唇饰的比例比这个数值要大，有些又比这个数值要小，这让我们更加确信取这样一个均值是十分合理的。这个柱基线脚上其他构件的比例也可以被看成是古往今来各式建筑中相应比例的均值。例如，按照维特鲁威设立的标准，我将柱础基底石的高度设定为整个柱基线脚高度的一半。这个数值比图拉真纪念柱的柱础基底石的高度低 1 分度，但又比斯卡莫齐设计的三个柱子中的柱础基底石高 3 分度。和笔者为柱基圆盘线脚饰设定的 12 分度相比，图拉真纪念柱和帕拉第奥以及维尼奥拉的作品中，柱基圆盘线脚饰的比例都为 12.5 分度；塞利奥的设计则为 10 分度。对于带饰或唇饰，我的设定为 3 分度，而图拉真纪念柱的则为 3.5 分度；塞利奥的设计为 5 分度；帕拉第奥和维尼奥拉的作品，其高度设定为 2.5 分度。正如我们以前所说，柱基线脚的出挑为 3/5 模数。

这种柱基线脚最为独特之处在于维特鲁威将柱础基座原来的四个角除去，以圆形取而代之。然而现代建筑师却并不接受这样的设置，对此我也不认为是可以被接受的。柱础基座的四角是与柱头的四角相对的，如果没有它们，柱子的外观就会被损毁。不过，在其他柱式中，按照其柱基线脚的类属（analogie）设计，将柱基线脚四角除去还是显得合理的。而且，只有在柱式被布置在一个圆环形平面中时，才有理由除去柱基线脚的四角，例如在圆形围柱式的神庙中，如果柱础基座为方形，那么外观上就会显得与支撑它的弧形台阶或柱础基座不太和谐。然而，古代的建筑师并没有为了弥补这样的缺点而将柱础基座处理成圆形；他们直接将整个柱础基座给移开了，例如罗马的维斯塔神庙和蒂沃利的西比尔神庙中的柱式就是这样处理的。在一些建筑中，即使是所有的柱础基座都被移走了，但和其他柱式比起来，强行将塔斯干式的柱础基座移开的理由依然不充分。

柱身

对于塔斯干式而言，决定柱身规格主要有两个因素，第一个是在本书上篇就已经论述过的收分。我们已经知道，塔斯干柱式的收分要比其他柱式的大。在前面我已经解释过自己的设定理由：收分为柱身根部直径的1/6，即半个小模数；这样柱子两边的比例分别为5个分度。而在其他的柱式中，收分仅为柱身直径的1.5/7，即2/5模数；这样柱子两边的比例分别为4个分度。第二个因素与柱子底部的唇饰和顶部的半圆圈饰线脚有关。我们说过这些构件在所有柱式的比例应该一致，根据我的设定，唇饰的高度为柱子直径的1/12，半圆圈饰线脚为1/18，而半圆圈饰线脚下的带饰高度则又比它低一半。我们还提到过，半圆圈饰线脚的出挑为1/5个小模数，与唇饰的出挑（以柱身表面起计算）相当，即4个分度。

[101]   **柱头**

柱头和柱础的高度相同，我们可以将之分成3等份：柱顶盘占1等份；钟形圆饰或圆凸形线脚饰占1等份；最后1等份留给钟形圆饰下的柱颈及其半圆圈饰线脚和带饰。由于柱头的这种特征，要求在简洁的柱顶盘上不设置S形双曲线卷，而且也没有像多立克柱式那样在柱头钟形圆饰下设置环形柱饰，而是增加了一个半圆圈饰线脚和一个带饰。接下来，我们将柱头的第三个等份再次细分为8个小等份，得到这些装饰线脚的比例，我们将其中的2等份设定为半圆圈饰线脚的高度；将其中的1等份设定为下部带饰的高度；剩下的则为柱颈的高度。柱头整体及其带饰的出挑与柱身下唇饰的出挑相同，由柱子中心向外算都为8.5/5小模数。钟形圆饰（如柱顶上的半圆圈饰线脚）

之下半圆圈饰线脚的出挑为 7/5 小模数。

维特鲁威和大多数现代的建筑师都将塔斯干柱式的收分设置得过大，限制了柱头的扩张，使其宽度最多只能达到与柱础直径同样的水平。

在柱头的特征上，建筑师既不遵循古代的传统彼此之间也不相认同，在帕拉第奥、塞利奥和维特鲁威的作品中，以及在图拉真纪念柱中，柱顶盘的构造都十分简单，而且没有 S 形双曲线卷。维尼奥拉和斯卡莫齐则用带饰取代了 S 形双曲线卷。费兰德（Philander）则将柱顶盘由四方形改成了圆形[40]，这样做的目的可能是想将之与维特鲁威规定的圆形柱础基座保持一致。图拉真纪念柱没有柱颈，这样柱身顶端的半圆圈饰线脚就与柱头的半圆圈饰线脚合并到了一起，而且只有维特鲁威和斯卡莫齐将半圆圈饰线脚及其带饰设置在钟形圆饰的底下。其他建筑师，如费兰德、帕拉第奥、塞利奥和维尼奥拉，在相同的位置只会设置一个带饰。而诸如费兰德等其他建筑师，对于这部分比例的设置也无法达成一致，其将半圆圈饰线脚和带饰设为柱顶上柱头的第三等份，而维特鲁威则将之作为柱颈及半圆圈饰线脚，并设置在钟形圆饰之下。

其他的建筑师，如塞利奥和维尼奥拉，将整个柱颈设计在柱头的第三等份处，而钟形圆饰下的带饰则被设置在柱头的第二等份中；这一部分原本是被维特鲁威设置为钟形圆饰的。像帕拉第奥等其他建筑师，将第三等份全部赋予了钟形圆饰，仅仅将带饰设置在内，而维特鲁威的设计中则包括了半圆圈饰线脚和带饰。在这些不同的设计中，我还是选用维特鲁威的做法，因为在所有的柱头设计中，他的比例看起来更合理，更符合比例，并且也更为通用。也就是说，维特鲁威设计的柱头装饰较柱础部分更为简单一些，因为如果没有维特鲁威在钟形圆饰下安设的半圆圈饰线脚，那么整个塔斯干柱式的柱础和柱头就无法相互区别开来。

［102］

我们在前面已经将檐部高度设定为 6 个模数。现在，如同除多立克式之外的其他柱式一样，我们将其从整体上划分为 20 等份。其中，框缘 6 个等份（包括带饰的 1 等份）；中楣 6 等份；剩下的 8 等份为檐口。檐口由以下几个部分组成：处于最底端的大 S 形双曲线卷，高度为 2 等份；大 S 形双曲线卷下的带饰，高度为 0.5 等份；檐顶滴水板，高度为 2.5 等份；半圆圈饰线脚及其带饰，高度为 1 等份（带饰高度为半圆圈饰线脚的一半）；1/4 圆的波状花边，高度为 2 等份。出挑的基本计算单位还是 1/5 小模数（以中楣表面开始算起）。据此，大 S 形双曲线卷的出挑为 3/5 小模数；檐顶滴水板的为 7.5/5 小模数；半圆圈饰线脚及其带饰为 9/5 个小模数；1/4 圆的波状花边为 12/5 小模数。

对于塔斯干柱式的檐部的比例和特征，建筑师的观点不一。就组成檐部的三个部分来说，维特鲁威将框缘设计得比中楣甚至比檐口都要大一些。帕拉第奥也将框缘设计得很高，大过中楣。而维尼奥拉则将其设计得小一些。

我则按照维特鲁威的模式，让框缘与中楣保持一致。

　　而对于檐部的特征来说，维特鲁威和帕拉第奥都将其设置成独立的方形横梁。斯卡莫齐对其则像对檐口一样加以极度的装饰；其精致程度与多立克式相当。他甚至还安设了一种三陇板，而没有在中楣上设置凹槽。塞利奥的做法则完全相反，他设计的檐口非常简单，只带有三种装饰构件，而斯卡莫齐则设计了 10 种。我在这里所设定的檐口与维尼奥拉的设计比较接近，是对斯卡莫齐的奢华与塞利奥的简约这两种极端做法的一个折中。

EXPLANATION OF THE SECOND PLATE
对第二个图版的说明

A. ——塔斯干柱础，依据维特鲁威的比例

B. ——斯卡莫齐的柱础，方形底座和圆盘线脚高于维特鲁威的柱础，其他译本中的柱础不包含带饰或唇饰

C. ——塞利奥的柱础，带饰或唇饰很大

K.[41]——柱子柱身的收分，在柱子柱础的地方是直径的 1/6

D. ——柱头，依据维特鲁威，柱顶盘既不带 S 形双曲线卷，也不带带饰，钟形圆饰由整个柱头的第二部分构成，钟形圆饰下面是半圆圈饰线脚

E. ——斯卡莫齐的柱头，不带半圆圈饰线脚

F. ——塞利奥的柱头，柱顶盘带有带饰；钟形圆饰没有涵盖整个柱头的第二部分，而给钟形圆饰下面的带饰留出空间；整个柱颈之上是第三部分

G. ——檐部，其框缘与中楣同样大小，檐口由 6 个线脚组成

H. ——斯卡莫齐的檐部，其框缘小于中楣，由两块封檐板和一条束带组成；中楣有一种不带凹槽的三陇板；檐口由 10 个线脚组成

I. ——塞利奥的檐部，其框缘与中楣大小一样，檐口仅由 3 条线脚组成

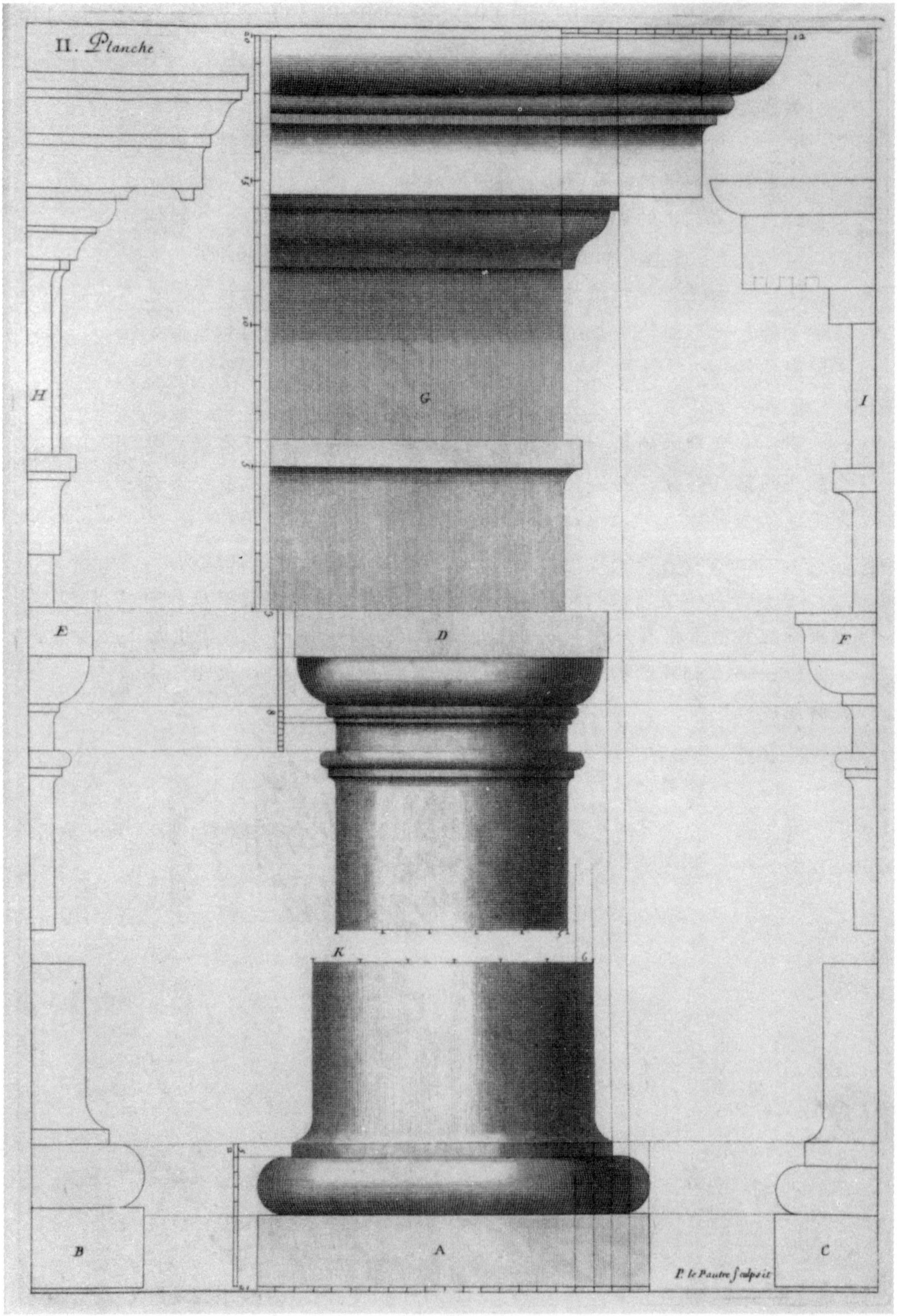
II. Planche
H
G
I
E
D
F
K
B
A
C
P. le Pautre sculpsit

第二章

多立克柱式

　　一般来说，在论及柱式时，从多立克式开始更为合理一些，因为这种柱式最为古老，是包括塔斯干柱式以及其他柱式的鼻祖。然而，在本书中我们先提到塔斯干柱式也是有理由的：当在建筑中需要用到不同的柱式时，人们往往从最大规格的开始，这些柱式往往能够承载其他柱式。

　　我们在本书上篇中已经设立了多立克柱式的通用比例，这个柱式显得比塔斯干式要更轻巧一些。整个柱式高度为 37 个小模数，其中基座高 7 个小模数；柱子高 24 个小模数；檐部高 6 个小模数。这个数值与不同柱式间的渐进递增升高比例 3 小模数是一致的，即柱式之间基座的递增高度为 1 小模数；柱子的递增升高比例为 2 小模数。整个塔斯干柱式的高度比例仅为 34 模数，其中柱子为 22 模数；基座为 6 模数；檐部在所有柱式中的高度都是一致的，为 6 模数。这三个部分的比例和特征仍需细分。基座主要构件的高度也已确立：柱础上沿线脚为整个基座高度的 1/8；基座柱础为基座的 1/4，其基座线脚占柱础高度的 1/3；剩下的 2/3 为基底石的高度。

柱础基座的根部

　　为了获得柱础基座根部线脚的详细比例，如同前章一样，我们将柱础底基的 1/3 再分为 7 等份。其中 4 等份被设定为基底石上圆盘线脚的高度，剩下的 3 等份为凹弧线脚及其带饰的高度。圆盘线脚、凹弧线脚和带饰也就是构成柱础线脚的主要元素。圆盘线脚的出挑与整个基座的出挑相同，凹弧线脚的出挑为 2/5 个小模数（以柱础底基表面算起）。然而，建筑师对于这一部分的构成并未能达成一致，帕拉第奥设计的柱础在圆盘线脚与凹弧线脚带饰之间增设了一层带饰；这样，他的柱础就是由四个构件组成的。斯卡莫齐在同样的位置上也增设一层正波纹线。相对看来维尼奥拉和塞利奥的设计就简单多了，我的做法和他们也比较接近；因为对于简约风格的柱式来说，不宜将柱础复杂化。由于我为塔斯干柱式柱础的线脚设定了两个组成构件，所以我为多立克柱式多增加了一个构件。以后，随着柱式精密化和复杂化，其柱础组成构件也依次递增。

[106]   **柱础基座上沿线脚**

　　柱础基座上沿线脚被分为 9 等份，其中的凹弧线脚上带有一个带饰。整个线脚支撑着一个基座上沿上皮滴水板，其上又是一个带饰。这个基座上沿上皮滴水板占 9 等分中的 5 等份，带饰占 1 等份。带有带饰的凹弧线脚的出挑为 1.5/5 个小模数（从柱础基座表面算起）；而滴水板的出挑为 3/5 小模数；板上带饰的出挑为 3.5/5 小模数。对于柱础基座上沿线脚各种构件的数量，建筑师也无法达成一致，帕拉第奥和塞利奥的设计中，上沿线脚由 5 个构件组成；在斯卡莫齐那里上沿线脚由 6 个构件组成。不过，塞利奥在有些设计中又把柱础基座上沿线脚简化，只设置了四个组成构件。这里我倾向于模仿塞利奥的做法，因为这种设计与柱式装饰线脚渐进变化的关系一致。

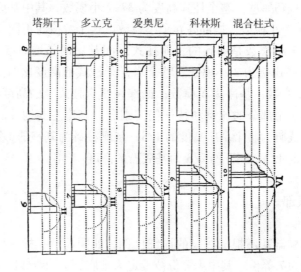

　　塔斯干　　多立克　　爱奥尼　　科林斯　　混合柱式

柱础

　　维特鲁威没有为多立克柱式设置柱础，并宣称多立克与爱奥尼最大的不同就是后者是有柱础的。马塞卢斯剧院就是这样一个例子，其中的多立克柱式都没有柱础。不过，在罗马斗兽场中，多立克柱式却是有柱础的；但是，这些柱础却和现代建筑师相应的设计相去甚远。他们的设计在过去被维特鲁威称为阿提克式柱础（Attic），他还对此作出过相应的规定。因此，我们可以看到多立克柱式的柱础可以分为三种。第一种，即维特鲁威的"阿提克式"，带有一个方形底座以及两层圆盘线脚，底层的线脚要稍大一些，顶层的稍小。在二者之间则是一层凹弧线脚。第二种则是罗马斗兽场的多立克柱式，既没有小圆盘线脚，也没有凹弧线脚，取而代之的是简约化的正波纹线，位于大圆盘线脚和柱础底基的唇饰之间，微微出挑。第三种更为简单，在其方形底座上仅有一个大圆盘线脚和一个半圆圈饰线脚，和塔斯干柱式一样，柱础唇饰的高度被算入柱础的高度内。在所有柱式中，除开唇饰，柱础的高度与其半径是一致的。

　　这里，我们选取维特鲁威的阿提克式柱础，因为这种设计是最常见的。　　[107]维特鲁威对于基座构件的划分十分清晰明理，因此我们也可以直接采用他的设置方法。首先，我们要把整个柱础分为 3 个等份，其中一等份为方形底座；另外的两等份则再被分为 4 小份。这四小份最上面的一部分为小圆盘线脚；剩下的 3 小份则再被细分为 2 部分，其中下面为大圆盘线脚，上面为凹弧线脚。凹弧线脚又可以被分为 6 等份，其中两个带饰各占一等份。我们还可以用另一种方式来设定这些构件的高度，因为这两种方式所得出的各个构件高度值都是相等的。这包括将整个柱础划分成 3 等份、4 等份和 6 等份。方形底座占 1/3，大圆盘线脚和凹弧线脚占 1/4，小圆盘线脚占 1/6。

　　这种柱础各个构件的比例在现代建筑和古代建筑中都是各不相同的。在罗马斗兽场中，其方形底座要比维特鲁威规定的 10 分度高出 1.5 分度，塞利奥的设计则高出 0.5 分度，而卡塔尼奥的设计则高出了 1 个分度。圆盘线脚的高度也不一样：在罗马斗兽场中，其柱式的圆盘线脚比维特鲁威规定的 7.5 分度高出半个分度，而斯卡莫齐的设计则要高出一个分度。同样，斯卡莫齐对于上层圆盘线脚的设计也比维特鲁威的规定高出一个分度；在帕拉第奥的设计中，这个差别被缩减到了半个分度。有些建筑师，如巴尔巴罗、卡塔尼奥（Cataneo）、维尼奥拉和德洛姆（Delorme），将凹弧线脚底部的带饰设置得比其顶部的要大。其他建筑师则将其设计成是相等的，我也认为这样做比较合理，因为多立克柱式并不需要像其他柱式那样在凹弧线脚上显出差别。例如，某层带饰与圆盘线脚相接，而另一层则与半圆圈饰线脚连接。如果这些凹弧线脚之间有差异，那么它们各自的带饰也不应相同。不过，由于阿提克式柱础上的两层圆盘线脚差别不大，这种差异也就不十分明显。

　　把模数分成 5 份，则用来计算柱础线脚出挑的单位为 1/5 模数。正如我们之前的设定，一个构件 5 等份之中的 3 份，决定了所有柱础各个部分的出挑：第一部分是柱身的柱础唇饰或带饰，第二部分是上层圆盘线脚，以及第三部分下层圆盘线脚和方形底座。为了获取凹弧线脚的出挑，我们将 3/5 份凹弧线脚出挑（中间层线脚的出挑）中的一份①分成 3 等份。其中上层带饰的出挑为 1 份，下层带饰的出挑为 2 份，凹弧线脚的缩进深度则为 3 份。42

　　建筑师一般都能认同对于柱础的这种统一设计，但在凹弧线脚的空槽规　　[108]格上却无法统一。在古代的一些建筑中，由下带饰处向内挖空的方式十分流行，如万神庙的柱廊、罗马畜牧场的三根柱子、尼禄金殿正面以及巴斯克神

---

①　即 1/5 模数。——译者注

庙。但在其他更受关注的建筑中，如万神庙的内部构件、马塞卢斯剧院、福耳图那神庙、维斯塔神庙、协和神庙、福斯蒂娜神庙、和平神庙、安东尼教堂、戴克里先浴场、罗马斗兽场、提图斯拱券、塞普蒂默斯拱券、康斯坦丁拱券和金史密斯拱券中，空槽的挖空并非按照上述方式进行。有些现代建筑师，如维尼奥拉、斯卡莫齐和维奥拉（Viola），都是向下挖出空槽；不过也有很多人并非如此操作。实际上，这样的设计并不美观，因为它使得下层带饰显得比较薄弱，而空槽处也容易积水或累积废物，侵蚀石料。据我所知，帕拉第奥和斯卡莫齐还史无前例地赋予方形底座另一种特性。与传统上的垂直方的方形底座不同，他们设计的方形底座向内凹曲，直到与柱础上沿线脚一致，将阿提克式和科林斯式的基础构件都删减掉了。即使在一些建筑中，如罗马斗兽场，有些柱础上沿线脚的上半部分也是被做成凹弧，但这种凹弧构件只会出现在柱础基座的上沿线脚处，而不会被用来代柱础的方形柱基座。

　　古人至少在科林斯柱式上使用过这种柱础，如维斯塔神庙、协和神庙、福斯蒂娜神庙、尼禄金殿的正立面、安东尼教堂、塞普蒂默斯柱廊和康斯坦丁拱券等。但维尼奥拉反对在科林斯柱式和多立克柱式上使用这种柱础，他认为这种做法极不合理。他为多立克柱式设计的柱础属于第三种，只有圆盘线脚和圆形饰。

柱身

[109]

　　多立克柱式最显著的特征是柱身上的凹槽；每根柱身上面，柱子凹槽数量仅为20，槽沟为1/4或1/6圆弧。由于其他柱式的柱子凹槽多为半圆弧，因此多立克式的柱子凹槽明显浅于其他柱式。另外，将柱子凹槽分隔开的是锐角或棱角，因此，两边的弧线不可能形成空槽。为了确立这些柱子凹槽的比例，我们先将柱身周长分为20等份，然后取其中一等份为边长构建一个正方形。以此正方形的中心为圆心绘出正方形两角之间1/4圆的弧线。如果还想让柱子凹槽更浅一些，我们则应该以柱身周长的1/20构建一个等边三角形，以其中心为圆心取圆弧。[43]第一种方式是维特鲁威提出的，也是最普遍的一种做法。尽管这两种方式流行于世，而且维特鲁威认为它们特别适用于多立克柱式，但斯卡莫齐对此并不认同；他甚至认为，多立克式的柱子凹槽有时不必真地挖开，只要在柱身表面纵向划分出20等份的平面就行了。这种所谓的平面式柱子凹槽在建筑中很罕见，因为如果柱子凹槽没有挖开，那么两个平面之间就成钝角相接，且宽度只有柱身周长的1/20，这样柱子凹槽所构成的平面很难相互区分，看上去会很不美观。这也是为什么我倾向于维特鲁威利用正方形的中心确定弧线，而不是用三角形的边线来做。按照维特鲁威的方法，柱身凹槽更深一些，槽身之间连接的角也就更尖锐。这样，整个柱子凹槽外观上就更精致。

柱头

如同塔斯干柱式一样，多立克式柱头的整体高度为其柱身根部直径的一半，为了确立柱头各个构件的高度，我们将其分为 3 个等份。第一等份为柱顶盘；第二等份为钟形圆饰及其之下三层带饰或柱子的环形带饰（这些柱子环形带饰或带饰取代了塔斯干式的半圆圈饰线脚）。最后的 1/3 则为柱颈，同时包括柱帽及其下的带饰，这也是多立克式不同于塔斯干式的地方（在前面我们提到过，塔斯干式柱子的钟形圆饰占 1/3）。在这里，我像大多数现代建筑师一样，遵循维特鲁威的比例。不过，帕拉第奥、斯卡莫齐和阿尔伯蒂对于柱头都有自己独特的比例。阿尔伯蒂设计的柱头比维特鲁威的高出 1/2，其组成部分的主要构件的比例也不同于维特鲁威。帕拉第奥和斯卡莫齐没有改变柱头整体的高度，只是增加了柱顶盘的高度，同时又缩短了柱颈。这些做法其实都是在模仿古人，例如在罗马斗兽场的柱式中，整个柱头比维特鲁威的设定高出 8.75 个分度。在马塞卢斯剧院，虽然整个柱头只比维特鲁威的设定高 3 个分度，但其各个构件间的比例与维特鲁威的设定和罗马斗兽场里的比例都不一样；因为剧院中柱子上的柱顶盘很大，而柱头钟形圆饰又很小。

细小线脚的高度也是通过将其划分为 3 等份并细分为更小的 3 等份而确定的。因为当我们将柱顶盘分为 3 等份后，其中一等份被划为顶端的 S 形双曲线卷。但如果我们能够将这一等份再细分出 3 个小份，那么其中的 1/3 将被划分为带饰，剩下的 2/3 则被留给 S 形双曲线卷。同样，如果我们把柱颈和柱顶盘之间的等份部分再划分为 3 份后，我们可以将其中的 2/3 划为柱子的钟形圆饰。如果将柱头最后的一等份也分为 3 小份，那么则可以分为 3 层柱子环形饰带。

如同塔斯干柱式一样，柱头出挑的高度单位仍然为 1/5 模数。从柱子表面开始算起，整个柱头有 3 个出挑。其中第一个出挑可以被分为 4 小份，而其中的每一层柱子环形饰带占 1/4；其余的则为柱子钟形圆饰的出挑。同样，我们可以将第三个出挑划分为 4 份，第一个 1/4 为柱子钟形圆饰边缘上柱顶盘的嵌条，剩下的 3/4 则是 S 形双曲线卷的出挑。

我为柱头设定的出挑为三个，但这并不是多立克柱式的绝对数值。例如在罗马斗兽场中，相同柱式的出挑有 5 个；而在阿尔伯蒂的多立克柱式设计中，这个数值又降到了 2 个。

建筑师在柱头的特征上也未能达成一致。在罗马斗兽场，柱子环形饰带或环饰被 S 形双曲线卷取而代之，这种做法也被斯卡莫齐采用。而有些建筑师，如帕拉第奥、斯卡莫齐、维尼奥拉、阿尔伯蒂和维奥拉，在柱顶盘的四角和柱颈中添上了圆花饰。有人可能会将柱头整体的出挑（阿尔伯蒂和卡塔尼奥中的比例通常较小，而在罗马斗兽场中则较大）作为柱式的一个特征；

[110]

因为如果我们稍稍适应了一个柱式的通用比例（从柱之中心算起，按照维特鲁威的规定是 37.5 分度），那么柱式出挑的任何扩大或缩小都会让人觉得不习惯。在罗马斗兽场的柱子上，这个比例达到了 47.25 分度。而在阿尔伯蒂和卡塔尼奥的设计中，相应的数值只有 32.5 分度。让·布兰（Bullant）设计的比例为 40 分度，帕拉第奥设计的比例为 39 分度；维尼奥拉和维奥拉的为 38 分度。这里，我们像巴尔巴罗和塞利奥一样，都遵从维特鲁威定下的规则；马塞卢斯剧院中的柱子就是依照这个规则修建的。

在多立克柱式中，其柱顶线盘没有像在其他柱式中那样被分成 20 等份，而是被分割成 24 等份。其中 6 等份属于框缘；9 等份属于中楣；9 等份属于檐口（包括三陇板，维特鲁威称之为柱头）。所有的现代建筑师都采用维特鲁威的比例，将框缘和中楣的高度与柱身根部半径联系起来。柱身根部半径即 1 个多立克模数。由此，框缘的高度为 1 多立克模数，而中楣的高度为 1.5 多立克模数。这些比例并未被古代的建筑师采用，例如在罗马斗兽场，框缘的高度比维特鲁威的设定高出 15 分度；根据德·尚布雷先生（Monsieur de Chambray）的记录[44]，阿尔巴那的废墟以及戴克里先浴场中的多立克柱式框缘分别都比维特鲁威的设定高出 1 个分度和 2 个分度。马塞卢斯剧院中按照维特鲁威规定修建的多立克柱式中，其檐口比我们设立的比例要低 7.5 分度。而在罗马斗兽场，其檐口要高出维特鲁威的设定 10 个分度。

[111] **框缘**

框缘被分为 7 等份。最上面的 1/7 为束带饰或边饰。在束带饰之下为滴珠饰，由滴珠饰带连接。滴珠饰和滴珠饰带构成整个框缘高度的 1/6。这个 1/6 又可以被细分为 3 等份，滴珠饰带占 1/3，滴珠饰占 2/3。滴珠饰带与滴珠饰的宽度为 1.5 模数，可以被分为 18 等份。每颗滴珠饰占 3 等份，滴珠饰一共为 6 枚。这样，每枚滴珠饰顶上的宽度为整体宽度的 1/18，而其底部则略少于 3/18，这是由于其根基部位需要有小小的缝隙。

古代建筑师在其多立克式作品中显示的特征各不相同。维特鲁威以及马塞卢斯剧院中所体现的理念被维尼奥拉、塞利奥、巴尔巴罗、卡塔尼奥、让·布兰、德洛姆和其他很多现代建筑师加以模仿。而在罗马斗兽场中，多立克柱式上装饰有三个带状饰和一个 S 形双曲线卷，与建筑中科林斯式和爱奥尼式的装饰相当，但没有滴珠饰。在阿巴那和戴克里先浴场遗址，多立克柱式只有两个带状饰，但如同科林斯式一样，它们被一层装饰线脚分开，最上方的 S 形双曲线卷之下还有滴珠饰。帕拉第奥、斯卡莫齐、阿尔伯蒂、维奥拉和几个其他的现代建筑师对这样的做法加以模仿，将两个带状饰装上框缘，但是他们并没有用装饰线脚将之分开，而且滴珠饰是位于束带饰之下的，这和维特鲁威的设计相一致。滴珠饰的形状也有所变化，有些人将其设计为圆锥的截面式，但最通常的做法是将其设置为方形或是方尖锥形，檐底托板之下的设置为圆形。

中楣

中楣占整个檐部高度的 9/24，为 1.5 多立克模数（平均模数），即 2.25 个小模数。中楣上一般都会饰有宽度为 1 多立克模数的三陇板，其位置与滴珠饰保持一致，位于柱顶之间。三陇板之间的距离与其高度以及中楣的间隔相当。三陇板之间的构件被称为陇间壁，呈正方形，其上一般饰有浅浮雕、战利品、瓮壶、牛头骨或其他饰物。三陇板在其中部由上至下被切割出两条凹槽，在边缘处又被划出两条半凹槽。同时，槽底应为直角。为了确立这些构件的比例，我们将三陇板的表面划分为 12 等份，其中每条凹槽占 2/12；每条半凹槽占 1/12；槽之间的每个间隔（维特鲁威将之称为股）[45]，也占 2/12。三陇板在中楣之外的出挑应当为这 12 等份中的 1.5 份。维尼奥拉设定的出挑较小，只占 1/12，因为如果凹槽的宽度为 2/12，同时槽底又必须为直角时，其深度就必须为 1/12。根据维尼奥拉的观点，由于凹槽的深度应当与三陇板的出挑一致，而两边半凹槽的深度又应当与凹槽的深度相同，因此半凹槽的切割深度应当达到中楣。但是这在实践中是行不通的，因为三陇板在半凹槽之外仍需保留一定的厚度。在帕拉第奥的作品中，所保留的厚度只有 0.5 分度，而在马塞卢斯剧院，这个厚度被提到了 12/9 分度，这个数值比我的设定略高。我的平均设定值还是位于帕拉第奥的作品与马塞卢斯剧院之间，为 0.75 分度。

我们称之为三陇板柱头的构件在多立克柱式中通常被认为是中楣的一部分。但由于这个构件只是一种装饰线脚，在中楣中并不常见，所有我认为它还是应该被看成是檐口的嵌线比较好一点。尽管这些三陇板的出挑被包括在中楣中，但它们最多只能被看成是托座以上出挑的装饰线脚，覆盖住顶部，而不能被视为中楣的一部分。由于这些装饰线脚组成了檐顶滴水板下部构件，而檐顶滴水板又是檐口的主要部分，因此我们应该将它们归入檐口构件。

[112]

檐口

檐口的高度与中楣一样，为整个檐部的 9/24。其中第一部分为三陇板柱头；其上的三部分包括 S 形双曲线卷、罩住檐底托板的檐口滴水板；最后的三部分则为大波状花边以及盖住檐顶滴水板的 S 形双曲线卷。[46] 接下来我们对构成檐口第二部分和第三部分的装饰线脚进行详细分解，将这两个部分再各自细分成 4 等份，这样就得到了 8 等份，其中最下面的 5 等份为凹弧线脚、第 6 等份为其带饰。檐口的第四部分和第三部分中剩下的 2 等份一起构成了檐底托板。檐口的第五部分可以分为 4 等份，底端的两等份为不带带饰的 S 形双曲线卷，盖住檐底托板。第六部分与第五部分剩下的 2 等份构成了檐顶滴水板。第七部分也可以被分为 4 等份，我们将从下端的 3 等份设定为檐顶滴水板之上的 S 形双曲线卷及其带饰。最后，我们将第九部分一分为二，其中一等份为大波状花边的带饰，用于填补檐顶滴水板上 S 形双曲线卷下的空缺。对于多立克式檐口的这种分析看上去十分复杂烦琐，但在图表中则会显得简单明晰，因为所有装饰线脚的高度计算单位只有两种：整个檐口高度的 1/9 或每个 1/9 的 1/4。

[113]   在每个檐底托板之下，我们切割出 36 个滴珠饰，一共 6 行，每行 6 个。我们说过，这些位于檐口底部的滴珠饰应该呈圆锥形，顶端嵌入檐顶滴水板的下端。整个檐底托板只在其前面边缘上与一个镂空的带状饰（与我们在爱奥尼式上使用的带状饰相近）连接起来。

这种檐口有三类样式。第一种样式主要是帕拉第奥、塞利奥、巴尔巴罗、卡塔尼奥、让·布兰和德洛姆等人的设计，这种檐口十分简洁，没有檐底托板或是齿状装饰。第二种稍微复杂一点，装有檐底托板但还是没有齿状装饰，这样的檐口可以在马塞卢斯剧院以及斯卡莫齐和维尼奥拉的作品中找到。第三种也比第一种复杂，带有齿状装饰但是没有檐底托板。我倾向于第三种样式，因为这样可以与阿尔伯蒂、维尼奥拉和皮罗·利戈里奥（Pirro Ligorio）[47]推荐的风格一致；这种风格是他们从对古代建筑的考证中得出的。[48]同时，如此选择还符合维特鲁威的理念；他认为檐底托板是多立克柱式最基础的构件，而齿状装饰则属于爱奥尼柱式。我将大波状花边设定成正波纹线而不是凹弧线脚，这是因为凹弧线脚和其他装饰线脚比起来更容易损坏。这样的设定在马塞卢斯剧院以及维尼奥拉（Vignola）和维奥拉（Viola）的作品中都可以找到。对于规格较大的柱式来说，如果设置上一些比那些精致型柱式更为脆弱的构件是不合适的，因此我在设置上采用帕拉第奥、斯卡莫齐、塞利奥、巴尔巴罗、卡塔尼奥、阿尔伯蒂、让·布兰和德洛姆等人的设计。如果我们想要添设凹弧线脚（因为维特鲁威将这种装饰线脚称为多立克波状花边），那么就应该保证其比例与大波状花边一致。因此，对于凹弧线脚上的带饰，我们只将其设定为檐口高度的 1/18，将余下的比例设置为檐顶滴水板 S 形双曲线卷上的凹弧线脚曲率。维特鲁威在三陇板头部上设置了多立克式波状花边，但我在这里采用帕拉第奥、维奥拉和让·布兰的做法，用一个凹弧线脚或半凹弧线脚取而代之。这样做的理由在前面已经提到过：凹弧线脚本身就是多立克波状花边。另外还有两种装饰线脚也被用在这种柱头上：在马塞卢斯剧院为 S 形双曲线卷；在维尼奥拉的设计中则是 1/4 圆弧。我之所以确认在这里使用凹弧饰线脚为板头装饰的主要根据是，巴尔巴罗已经确认多立克波状花边就是凹弧饰。

EXPLANATION OF THE THIRD PLATE [114]
对第三个图版的说明

A. ——多立克柱式的柱础，维特鲁威称之为阿提克式

B. ——罗马斗兽场的多立克柱式柱础

C. ——维尼奥拉的多立克柱式柱础

D. ——依据维特鲁威的凹形柱槽

△. ——依据维特鲁威的扁平柱槽

E. ——维尼奥拉的柱槽

F. ——维特鲁威的柱头

G. ——罗马斗兽场的多立克柱式柱头

H. ——阿尔伯蒂的柱头

I. ——马塞卢斯剧院的檐部局部[49]

K. ——檐部的柱楣底部

L. ——罗马斗兽场的多立克柱式

M. ——确立正波纹线和 S 形双曲线卷图解

为了确立波状花边纹线的比例，我们需要由其下角的带饰处（标记为 a）引一条直线，将其连接到上角 S 形双曲线卷之上的带饰处（标记为 b）。由 c 点将这条线分为两等份，然后分割后的半段直线为边长分别构建等边三角形。将这两个三角形的顶点分别设立为 d 和 e，依据它们为中心构建两个弧线，波状花边纹线就是由这两个弧线所组成的。如果需要让弧线起伏更大而出挑的装饰线脚稍小，我们就应当增加三角形的边长，因为其交点就是弧线的中心。[50]

S 形双曲线卷的大致轮廓也可以按照这种方法确立。我们将线卷的出挑及其带饰分成 5 或 6 个等份。然后取其中一等份为 S 形双曲线卷的出挑，但对于半圆圈饰线脚例外；因为在半圆圈饰线脚上，S 形双曲线卷没有出挑。另外一等份是 S 形双曲线卷外带饰的出挑。如同在对波状花边纹线的分析一样，我们将这两点 o 和 i 用直线连接，让后者从中点将线分为两半。接下来的程序相同，即建构两个等边三角形，然后根据这两个三角形的顶点确认弧形的轮廓。这两个弧形的曲率有的时候很大，甚至是半圆弧，例如康斯坦丁拱券的框缘顶端就是这样的。

第三章

爱奥尼柱式

多立克柱式与爱奥尼柱式之间的比例以及爱奥尼柱式与其他更为精致的柱式之间的比例都和多立克柱式与塔斯干柱式之间的比例一致，只不过除塔斯干柱式的收分略高外，其他柱式的收分也都相同。爱奥尼柱式最为独特，因为其柱身、柱头和檐口与其他柱式之间的差别，远远大于塔斯干柱式和多立克柱式之间的差别。

如前所述，整个柱式高 40 小模数，其中基座高为 8 个小模数；柱子高 26 小模数；檐部为 6 个小模数。基座各个组成部分的比例都列在图版 i 中，其中柱基为柱子基座高度的 1/4，柱础上沿线脚为柱子基座高度的 1/8，柱础装饰线脚的高度则为整个柱础的 1/3。

柱子基座的底基

塔斯干柱式中柱子基座的底基的装饰线脚的数量为 2，而多立克柱式在这个部位则有 3 条装饰线脚。这些线脚包括带有带饰的波状花边纹线和下部带有带饰的凹弧线脚。为了获取这些装饰线脚的高度，我们将柱子基座的底基的 1/3（在塔斯干式中被分为 6 等份；在多立克式中被分为 7 等份）分成 8 等份。我们将其中的 4 等份设定为波状花边纹线，2 等份设定为凹弧饰线脚，剩下的两等份则分别留给两个带饰。凹弧线脚的出挑为 1/5 小模数（由柱子基座座身表面算起）；波状花边带饰的比例则为 3/5 小模数。

福耳图那神庙中的爱奥尼柱式是此种基座的典型。我们的设定和这种典型只是在于：前者的正波纹线之上与凹弧线脚的带饰之间添设了一层带饰，而这层带饰又相当厚。帕拉第奥和斯卡莫齐则没有在正波纹线和凹弧线脚之间设置任何的小型带饰，而是用半圆圈饰线脚取而代之。

柱子基座的上沿

在塔斯干柱式和多立克柱式中，柱子基座上沿的组成部分分别为 3 个和 4 个。而爱奥尼柱式则有 5 个组成构件，包括凹弧线脚及其带饰、一个檐顶滴水板、S 形双曲线卷及其带饰。为了确认这些构件的高度，我们将整个柱子基座上沿划分为 10 等份（在多立克柱式中和塔斯干柱式中，我们将柱子基座上

[117]　沿分别划分为 9 等份和 8 等份）。我们将其中的两等份设定为凹弧线脚，其带饰则设定为一个等份；四等份分给柱子基座上沿上皮滴水板；两等份分给 S 形双曲线卷，其带饰分得一等份。凹弧线脚的出挑为 1.5/5 小模数（由基座身表面算起），柱子基座上沿滴水板为 3/5 小模数，S 形双曲线卷及其带饰的则为 4/5 模数。

这种柱础上沿线脚的特征与古往今来的各种建筑都没有什么联系。在福耳图那神庙中，这种基座共有 10 个构件，以一种模糊奇怪的方式建构起来。帕拉第奥和斯卡莫齐设计的爱奥尼柱式的柱础上沿线脚都过于复杂，因为组成构件的数量远远超过他们设计的科林斯柱式和混合柱式。

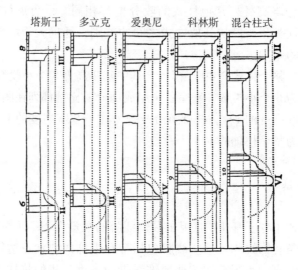

柱础[①]

很多现代建筑师都将维特鲁威为爱奥尼式和科林斯式柱础设立的标准只用于前者，但现存的古代建筑中都没有这种处理方法的痕迹，因为古代的建筑师用阿提克式柱础将爱奥尼式柱础取代。一些现代建筑师，如阿尔伯蒂和维奥拉，都将科林斯式柱础用于爱奥尼式的柱子，在这方面唯一遵循维特鲁威做法的地方是：他们为爱奥尼柱式和科林斯柱式设计的柱础是相同的。

根据维特鲁威的观点，这种柱础的内部比例是通过将整个柱础高度分为 3 个等份后得来的。如同对阿提克式柱础的分析一样，我们将其中的 1/3 设定为方形柱基座的高度，并将余下部分再分为 7 个小份，其中的 3 小份为柱础顶端的圆盘线脚。余下的部分接着细分成两份，每份再分为 10 微份。我们取其中的两微份为圆盘线脚下的带饰；其中的 5 微份为凹弧线脚；一微份为线

脚之下的带饰；另外两微份为半圆圈饰线脚。半圆圈饰线脚之下则是相同规 [118]
格的另一个半圆圈饰线脚及凹弧线脚，第二个凹弧线脚的带饰规格也与前面
提到的相同，稍大一些的带饰与方形柱基座相连接。

　　维特鲁威并未给出这种柱础上线脚的出挑。为了确认它，我们还是以 1/5
模数为基本单位。我为圆盘线脚设定的出挑为 2.5/5 小模数；半圆圈饰线脚
的出挑为 2/5 小模数；圆盘线脚下带饰的出挑为 1.5/5 小模数；半圆圈饰线
脚两边的带饰出挑为 1.75/5 小模数；方形柱基座带饰的出挑为 2.75/5 小
模数。

　　在这样的设置中，圆盘线脚的比例显得十分异常，而底部方形柱基座上
的带饰看上去也十分脆弱。因此，古代的建筑师都摒弃这样的设计，我也只
是为了明晰该柱式的特点才把它稍微提一下。德洛姆声称他在古代建筑中找
到过另一种爱奥尼式的柱础设计。这种规格和维特鲁威不同，在第一个圆盘
线脚的带饰和方形柱基座之间设有两个半圆圈饰线脚。

柱身

　　爱奥尼柱式柱身上的凹槽与多立克式的不同，但是与科林斯式和混合柱
式的凹槽类似。多立克式柱子只有 20 条凹槽，但爱奥尼式与之不同，根据维
特鲁威和现代建筑师的设计，其柱子上的凹槽达到了 24 条或 32 条。不过，
福耳图那神庙里的柱式则例外，作为罗马唯一带凹槽的爱奥尼式柱式，其凹
槽也只有 20 条。爱奥尼柱式的凹槽极具特点，而且凹槽也比多立克式要深，
通常为整个半圆弧。当然，有些柱子凹槽的深度并未达到这种程度，例如万
神庙的内部建筑；有些则比半圆弧更深，如朱庇特神殿（Temple of Jupiter）。
有些建筑中，柱槽下 1/3 部分都仿佛是被木桩或是粗绳填满一般，因此这样
的柱子也被称为卷绳饰凹槽饰纹柱（cabled column）。有时候，人们并不使用
绳子或是木桩，而是简单地把柱子下部的柱槽填满到带饰的边缘处，万神庙
内部的柱槽就是这么做的。但由于这种做法只见于极少数建筑，所以我们可
以认为它在设计中很少被应用到。只有在柱子底端直接接地的时候，我们才
推荐使用这种填槽式柱子凹槽。但当柱子设在基座或是其他柱式上时，这样
的处理是没有必要的（尽管康斯坦丁拱券中的安放在基座上的柱子也有绳子
充填）。填槽的目的只是为了稳固那些将柱槽分开的带饰，防止它们破裂；因
为柱子的底端容易被侵蚀。康斯坦丁拱券中的处理方法在这里并无权威性， [119]
因为人们一般认为它是建立在另一个建筑的遗迹之上，这样柱子也就显得是
修建在地平面之上了。柱子上将凹槽分开的突起部分称作带饰，其宽度并无
定论。但平均比例大概为凹槽宽度的 1/3。也就是说，我们需要将柱子的周长
的 1/24 分为四等份，其中凹槽宽度占有 3 等份，剩下的 1 等份为带饰宽度。

　　这些凹槽在与顶部的凹弧线脚以及底端的柱础相接时又会出现不同的设

置和比例。一般的做法是将它们像壁龛顶一样磨圆，但有时候它们又是方形的。例如，蒂沃利的维斯塔神庙中的柱子。有时候，它们的形状和我们所知道的壁龛完全相反，在凹槽终端形成一个凹角的半圆弧，例如波尔多的守护神（Tutelle）柱子。[51]

柱头

爱奥尼式柱头由三个部分组成，即由一个 S 形双曲线卷及其带饰组成的柱顶盘、一个树皮形的涡状盖头和一个柱顶环饰或镘形饰。镘形饰下的半圆圈饰线脚则被看成是柱身的构件。因为柱头中间构件呈涡状，有些人将其称为树皮，因为这一部分就像一块厚树皮一样；当树皮被放在花瓶顶（镘形饰）上后，枯干时就会卷曲。维特鲁威认为柱式两端涡卷的卷线代表着女性两侧面颊上的卷发。

为了确认柱头从柱顶盘顶端到半圆圈饰线脚底部的整体高度，我们首先将小模数划分为 12 等份，取其中 11 等份为整个柱头的高度。其中，柱顶盘高度为 3/11 小模数，其中 S 形双曲线卷高度为 2/11，其带饰为 1/11；"树皮"占有 4/11 小模数，其中边缘高度为 1/11 小模数；镘形饰也占有 4/11 小模数。从柱顶盘顶端到涡卷的高度为 19/12 个小模数。

为了确认涡卷的大致轮廓，我们需要先对柱身顶端的半圆圈饰线脚进行分析。这个半圆圈饰线脚的厚度应该为 2/12 模数，横向伸展，一旦半圆圈饰线脚超出柱础的直径，我们就可以测算涡卷了。首先我们水平绘制一条穿过半圆圈饰线脚中点的直线，将之伸展到其两端。然后，从柱顶盘上垂直向下引一条直线与之相交。以相交点为圆心，半圆圈饰线脚的外缘为弧形，形成被维特鲁威称为涡旋心的圆圈，其直径为 2/12 小模数。在这个圆圈内，我们

[120]

必须锁定 12 个点，这些点每四个为一组，形成了构建的三层漩涡。为了找到这 12 个点的位置，我们先要在涡旋中心确立一个水平放置的正方形，其对角线在涡旋心的中点处垂直相交。由这个正方形四条边的中点出发，我们绘制两条直线将这个正方形划分成 4 份。当我们将这两条线均匀地分成 6 等份时，就得到了所求的 12 个点了。如果需要绘制涡卷，我们首先应当将圆规的固定端设置在位于正方形上半部分内侧的中心上，即第一个点，圆规的另一端指柱顶盘垂线与柱顶盘底基的交点，然后，我们向内侧出 1/4 的圆弧，与最先画出的水平直线相接。由此出发，然后，将圆规的固定端放置在正方形上半部分外侧的中心上，向柱顶盘垂直线的方向画出第 2 个 1/4 圆弧。接下来，将固定端放置在涡旋心底端外侧的中心上，画出的 3 个 1/4 圆弧。之后，将固定端安置在第四点上，即正方形下半端内侧的中心，画出第 4 个 1/4 圆弧。接着，将固定端固定在位于第一点下面的第五点，朝着漩涡心的中点画出第五个圆弧。同样，第六点的位置位于第二点之下，第七点的位置位于第三点

之下。以此类推，我们就能画出构成涡卷的 12 条 1/4 圆弧了。

我们之前提到，涡卷表面边线的厚度是有变化的。在柱顶盘下的部分为 1/12 小模数，这个比例随着其向涡旋心的延伸而不断减少。这个边线超出涡旋表面的出挑为表皮饰宽度的 1/12。由于表皮饰会变得越来越窄，其边线也以相应比例递减，边线的出挑也随之减小。减小的比例与表皮饰的宽度相联系；其出挑厚度与表皮饰的厚度永远保持 1:12 的比例。我们可以划出第二条线来描绘边线的轮廓。按照绘制第一条线的大致程序，我们先将圆规的固定端放置另外 12 点上；这些点的位置略低于第一条弧线的 12 个点和漩涡轴心也十分接近，两组点之间的距离为第一组点与涡卷中心之间距离的 1/5。为了获取柱顶盘的出挑，我们必须保证 S 形双曲线卷及其带饰高度与它们在垂直线之外出挑厚度一致，都为 2/12 小模数。

柱顶环饰的出挑与其高度比例也是一致的，都为 4/12 小模数。这个构件上会雕刻有一种被称为镘形饰的装饰，因为这种饰件是由卵形物构成的。由于在希腊人的设计中，这些卵形物看起来像部分包在壳里的栗子，其上又覆 [121] 盖着被称为"刺皮"的海胆刺状饰品；由此，希腊人将之称为"海胆饰"。柱头的每一个平面上都有五个柱顶环饰，其中三个是完全可视的，剩下的两个靠近涡卷，被三片小荚状饰所覆盖。这些荚状饰是由百合花饰延伸出来的；而花饰的主茎则倾靠在涡卷的第一层涡卷之上。

这层涡卷位于柱头的前后两面。侧面的设计则又不一样。维特鲁威将这种构件称之为垫层。但由于它外形与野石榴的花萼相似，希腊人称之为"石榴花饰"，而现在的建筑师则称之为涡卷。这层涡卷具有两个端头并在中部用了一个轮毂箍饰。根据维特鲁威的法则，其每个侧面的边缘应该为 2/12 小模数，也就是说，和涡旋心的宽度一致。维特鲁威将侧面浮雕饰的周线称为饰带，但他为半圆形侧面设置的饰带和其他古代建筑的设计很不一样。在其他古代建筑师的作品中，饰带的外形很特别，无法使用几何图形来进行描述。在雕琢涡旋时，一般会设计出很大的叶饰，轮毂箍饰的设置方式也类似，只是月桂叶饰较小。

这类柱头的比例与维特鲁威的规定相近，但是和那些古代和现代建筑不同的是，它更为简洁和系统。我为其设定的高度为 18 分度，这个数值与罗马斗兽场中柱头高度是一致的，与维特鲁威的规定也比较接近，但马塞卢斯剧院的柱头高度却为 21⅔分度；福耳图那神庙的柱头则为 21.5 分度。我为柱顶环饰和表皮饰设定的高度一致，比福耳图那神庙的柱头高度比例要大，又小于马塞卢斯剧院的表皮饰比例。在本书的设定中，涡卷的高度比例为 26.5 分度，但福耳图那神庙中涡卷的高度只有 23.25 分度；在罗马斗兽场高度为 24.5 分度；而在马塞卢斯剧院，这个数值则为 26.25 分度。另外，我还将涡卷的宽度设定为 23⅛分度，这和罗马斗兽场涡卷的宽度比例一致，但是福耳图那神庙中，其比例为 25.25 分度；在马塞卢斯剧院中为 24 分度。现代建筑师的设计中比例也各不相同，例如帕拉第奥、德洛姆、让·布兰、巴尔巴罗和维尼奥拉设计的柱顶环饰比表皮饰要大；阿尔伯蒂和斯卡莫齐的作品中，二者的比例却又是相同的。

柱头在样式上有几点不同。第一点，古代建筑师和维尼奥拉、维特鲁威以及巴尔巴罗等现代建筑师，都没有像很多现代建筑一样，将涡旋心的比例与柱顶之上的半圆圈饰线脚联系起来。这是因为其他的现代建筑师都赞同维特鲁威的法则，认为从涡旋心中心点到涡卷底部为 3.5 等份。另外，维特鲁威还在柱头圈线之下为其下的涡形花卷附加上了 3 个部分。根据这种观念，涡旋心的位置就应该和柱头圈线线脚的位置一致，因为如果涡旋心的规格为 1 等份，那么涡旋心中心点到底部为 0.5 等份。这样，柱头圈线线脚到涡旋底盘的空间要比涡旋心中心到涡旋底盘的空间要小一些。

[122]

第二点，涡卷的表面一般都很平整，但是在福耳图那神庙中则有些弯曲和凸起；这是因为如果环状涡卷饰过小，那么它们就会显得过于突出，在提图斯拱券、塞普蒂默斯拱券和巴克斯神庙中都能找到这样的例子。

第三点，在福耳图那神庙，这种涡卷的边线并不是那种简单的凹弧线脚，而是经常带有带饰的。

第四点，覆盖涡旋的叶饰有时显得窄小薄弱：有的形状如同芦苇，如在马塞卢斯剧院；有的则十分精巧地岔开，如帕拉第奥和维尼奥拉的设计。有时候，它们又十分宽大，类似于科林斯式柱头的橄榄树叶，如在福耳图那神庙。

第五点，福耳图那神庙中的柱角上，其涡卷的两面在外侧角处相接，而两个栏杆支柱则也在内角相接。这样做是为了避免柱子朝向神庙的侧面与其正面不一致，也就是说，避免使有涡形花卷那一端的柱头在栏杆支柱那一侧的柱头上出现，因为那样就意味着在所有四个侧面都会有涡形花卷。

爱奥尼式柱头平面间的不同设计使得其看上去十分笨拙。这使得现代的建筑师，例如斯卡莫齐，废除掉涡旋，并将所有的涡卷向内弯曲，这种做法在混合柱式中十分明显。但是，斯卡莫齐设计的柱头上有两点绝对应该受到批判。其一，他设计涡卷厚度完全一致，而福耳图那神庙中的爱奥尼柱式及其他混合柱式柱头上（斯卡莫齐的涡卷设计主要是以此为据的），涡卷向下会逐渐增加厚度，这种设置十分精巧。其二，如同很多现代的混合柱式设计一样，他设置的涡卷就像插花一样地从半圆圈饰线脚中伸出来；这样的设计和古代大多数混合柱式是相反的；古代柱式中，柱顶盘下的表皮饰都是笔直地穿过半圆圈饰线脚，只在涡卷处才开始往回卷曲。如果我们将表皮饰的那个部分省略，那么爱奥尼柱式的柱顶盘就只是由一个 S 形双曲线卷构成，需要表皮饰的支撑，从而显得过于薄弱，如同古代的爱奥尼式涡卷。还有一个非常遗憾的事实，斯卡莫齐提出的柱头的两种形式，建筑师在使用时发现这并不适用于爱奥尼式柱头。对于柱顶盘，斯卡莫齐有两种设计：第一种是像涡卷一样将其做成弧形，如混合柱式；第二种则是像古代爱奥尼柱式以及福耳图那神庙里的设计那样保留其笔直的方形构件。这里，柱顶盘不会延伸超过涡卷的边角。而从柱顶盘的下角开始，只有一片叶饰顶上的涡卷并一直滑落到涡旋心的水平位置。为了更好地将之与混合柱式区分开来，涡卷之间没有设置百合花饰。

很多年来，雕塑师们一直试图丰富爱奥尼柱式。但是，斯卡莫齐对其作出的新式样并不被包括在内。被增补上去的新装饰包括：由百合花饰沿着小莨饰增补一层垂花雕饰，其茎干则落在涡卷的第一层上。这可能是与维特鲁威对于涡卷暗示卷发的观点一致，是在每一平面上模仿垂曲的卷发。有人甚至会声称，涡卷是盘起来的发辫，而垂花雕饰才象征着弯曲的卷发。 [123]

还需要注意的是，有些建筑师认为福耳图那神庙的涡卷更宽大，更显得像是个椭圆。这个观点是失宜的；尽管该建筑的这些柱头与众不同，很多地方也并不完善，但很明显，这些柱头的涡卷与水平椭圆的形状还是相去甚远的。它们从垂直角度看更狭长一些，高度为 26.5 分度，宽度为 23.5 分度。而在马塞卢斯剧院，相同构件的涡旋高度为 26.25 分度，宽度为 24 分度。

柱顶线盘的高度通常能达到柱身基底直径的两倍，即 6 个小模数。如同我们对除多立克柱式以外其他柱式的做法一样，将其分为 20 等份，其中 6 等份为框缘高度；6 等份为中楣高度；剩下的 8 等份为檐口的高度。不同的建筑师对于组成柱顶线盘的这三个构件之间的比例设置也不一样。维特鲁威设计的中楣就比框缘要大，帕拉第奥、斯卡莫齐、塞利奥、巴尔巴罗、卡塔尼奥和维奥拉也遵循这种做法。而在福耳图那神庙和马塞卢斯剧院，中楣则要比框缘低一些，维尼奥拉和德洛姆遵照的就是这样的模式。在这里我准备按照阿尔伯蒂的模式，采取均值并保持框缘和中楣之间高度比例一致，即刚才我提到的，檐口为整个高度的 8/20，中楣与框缘为 6/20。

框缘

为了获得组成框缘各个构件之间的高度比例，我们首先将其分为 5 个等份，其中由一个 S 形双曲线卷及其带饰组成的波状花边占有其中的一等份。剩下的四等份则被分为 12 微份，其中的 3/12、4/12 和 5/12 分别为框缘第一、第二和第三层带状饰的高度比例。框缘出挑的单位为 ⅙ 小模数。因此，我们将每个带状饰的出挑高度比例设置为框缘的 1/20，而 S 形双曲线卷及其带饰的高度则为框缘高度的 1/5，共占整个瓦块框缘出挑部分的 1.5/5。

这样的比例并不是在我们列举的建筑中都能找到。维特鲁威设置的波状花边就和我们的设定（马塞卢斯剧院中的比例与我们一致）不同，只有框缘的 1/7。我们增大波状花边的原因是在古代建筑中它的比例一般都较大，在罗马斗兽场中，其高度为框缘的 2/9；而在福耳图那神庙中，这个比例被增大到 [124]

了 2/5。现代建筑师的作品中其比例也不尽相同，维特鲁威和让·布兰的设计就比维特鲁威的规定要小。而其他人，如帕拉第奥、维尼奥拉、阿尔伯蒂和维奥拉，其设计则大于维特鲁威的规定。

框缘的样式也不尽相同：在帕拉第奥的设计中，带状饰之间都设置有半圆圈饰线脚。而在福耳图那神庙，这种半圆圈饰线脚只有一层。而且它并不是设置在带状饰之间，而是在第二层带状饰的中部。而斯卡莫齐则模仿科林斯柱式的设计，将半圆圈饰线脚添设在了波状花边之下。我考虑到维特鲁威为了保证爱奥尼柱式的简洁性，除去了框缘的半圆圈饰线脚；因为这种装饰构件更适用于那些更精致一些的柱式。不过，维特鲁威并不认为这种装饰就是区分爱奥尼式和科林斯式的标准；他认为柱式的关键性差异应该在柱头上（根据其柱子的长度，科林斯式有时候会去借用爱奥尼式或多立克式的檐部）。[52]如果维特鲁威之后的建筑师对科林斯柱式添加装饰，那么我认为他们这样做，至少比对爱奥尼柱式添加装饰更为妥当一些。有时候，带状饰会向内滑落，这样就使得其出挑部分的底面无法垂直，而是向前抬起[53]，例如福耳图那神庙。这样做据说是为了使得框缘的各个构件至少看起来是水平出挑且表面垂直。[54]维特鲁威希望框缘上的带状饰向前倾斜，他认为这样可以让它们显得更加垂直。然而，实际上古代建筑的带状饰经常是向后倾斜而非前倾。我们将会在谈到比例变更的那一章详述这一点。现在，我们可以先假设每个看上去应该为垂直和水平的构件皆为垂直及水平。此假设将被应用到对每个柱式各个构件的分析中。

中楣

除了戴克里先浴场，古代建筑中都没有维特鲁威所描述的小的圆形中楣，很多现代建筑师也不承认他的观点。

[125]　**柱顶线盘的檐口**

除了多立克式之外，其他柱式的檐口高度都占整个柱顶线盘高度的 8/20，并决定了其所有组成构件的高度比例。组成柱顶线盘的构件一共有十个：第一，S 形双曲线卷，占檐部高度的 1/20；第二，齿状装饰，占檐部的 1.5/20；第三，带饰，占 0.25/20；第四，半圆圈饰线脚，规格与带饰相当；第五，柱顶环饰，占 1/20；第六，檐顶滴水板，占 1.5/20，滴水板之下还有一个深度为这 20 等份之中 1 等份 1/3 的檐槽；第七，S 形双曲线卷，占 0.5/20；第八，滴水板的带饰，占 0.25/20；第九，正波纹线，占 1.25/20；第十，波状花边的唇饰（带饰），占 0.5/20。

出挑的计算单位为 1/5 小模数，整个檐口的出挑高度为 12/5 个小模数。

S 形双曲线卷的出挑为 1/5 小模数（从中楣的表面算起）；齿状装饰的出挑为 3/5 小模数；柱顶环饰即镘形饰以及半圆圈饰线脚及其带饰的出挑一共为 4.5/5 小模数；檐顶滴水板的出挑为 8.5/5 小模数；S 形双曲线卷及其带饰的比例为 9.5/5 小模数；反边曲线的比例为 12/5 小模数。

为了分析齿状装饰，我们需要将其高度划分为 3 等份，其中 2 等份为齿状装饰的宽度，剩下的 1 等份为其间距。

古往今来，各个建筑在这些构件比例上的差异主要来源于对齿状装饰的分割。维特鲁威和一些现代建筑师，如巴尔巴罗和卡塔尼奥，将其拉得很窄，设置的宽度只有其高度的一半；并将齿状装饰切口的间距拉到宽度的 2/3。其他的建筑师，如塞利奥和维尼奥拉，将间距则设计得更开一些。在此我设立的比例与马塞卢斯剧院、金史密斯拱券、塞普蒂默斯拱券、朱庇特神庙以及罗马畜牧场的三根立柱一致。维特鲁威将齿状装饰设计得很窄，同样，也有古人将其拉得很宽，将宽度与其高度等同起来，如福耳图那神庙、内尔瓦广场、提图斯拱券和康斯坦丁拱券。

我所选设的檐口样式来源于维特鲁威以及古代建筑中对爱奥尼柱式（包括其齿状装饰）的设计。很多现代建筑师，如塞利奥、维尼奥拉、巴尔巴罗、卡塔尼奥、让·布兰、德洛姆和阿尔伯蒂等，也都采用这样的檐口。帕拉第奥、斯卡莫齐和维奥拉等人则是将协和神庙作为其典范，在檐口处增设了托檐石。从任何角度来看，这样的样式在爱奥尼柱式中，特别是在檐口处都显得很怪异；因为只有科林斯柱式和混合柱式的檐口才有托檐石；多立克柱式在檐口处的装饰是檐底托板；而爱奥尼柱式则为齿状装饰。因此，我们不能认同这些建筑师对于协和神庙中柱式的模仿，也不能赞许斯卡莫齐基于古代建筑对爱奥尼柱式进行的创新。我并未在齿状装饰之上的柱顶环饰上，也没有在檐口或是框缘上添设任何镘形饰；因为，按照维特鲁威关于檐口齿状装饰上不得有任何其他装饰的观点，我认为对于爱奥尼柱式来说，这样做会使得檐口显得过于华丽了。如果檐口的大型波状花边上没有任何三角楣，维特鲁威则认为可以按照柱子间固定比例的间隔添设一些狮头，这样很符合柱式自身的特点。他还建议那些柱子上的狮头应穿心，这样顶上的雨水就可以被疏导下来。在福耳图那神庙，狮头的比例与柱子或者其间隔没有丝毫关系。

［126］

EXPLANATION OF THE FOURTH PLATE
对第四个图版的说明

A. ——维特鲁威所给出的所有柱式的柱础，这使得它们在现代人那里仅仅被爱奥尼柱式所采纳。柱子柱身的一小部分贴着卷绳饰缺口的柱面凹槽饰纹

B. C. D. ——柱础平面。C. 卷绳饰缺口的柱面凹槽饰纹平面。D. 万神庙内部柱子的凹槽平面

E. ——古代爱奥尼柱头正面

F. ——古代爱奥尼柱头侧面

G. ——斯卡莫齐重新设计的现代爱奥尼柱头侧面，我认为它将应该追随这个形式，它没有探入内部而是绕过它瓶状树皮的顶部[55]

H. ——重新设计的现代爱奥尼平面[56]

K. 涡卷眼窝的大尺度表现图，标记为a，在涡卷L上。从a到b分成12个小模数，11个部分；从i到b，确定柱头高度；从b到底端分成19份，确定涡卷下降长度。d之间e的水平线穿过涡卷眼窝的中心点。

为了绘出涡卷的边线，我们先将圆规的固定端确定在涡旋心K的第一个点1处，将圆规的另一端放在涡卷L上的点m上。然后我们向外划出1/4圆弧，标记为m，n。从这个位置，我们将圆规的固定端固定在涡旋心K中的第二点2处，然后我们划出第二个1/4圆弧，标记为n，o。从这里，将固定端移到点3处，画出第三段圆弧，标记为o，d。从那里开始，将固定端移到点4处，画出第四段圆弧，标记为d，s。然后，再将固定端移到点5处，我们画出第五段圆弧，标记为s，t。就这样，将中心移到不同的点后，我们就能得到三条涡卷的边线了。

线C代表柱础的表面。标记为m、n、t则代表着被维特鲁威称之为带饰的涡旋浮雕饰的边线

L. ——古代爱奥尼涡卷的描绘

第四章

科林斯柱式

维特鲁威认为，爱奥尼柱式与科林斯柱式之间的区别，主要在于它们的柱头无论是在比例还是形式上都没有任何共同之处。此外，在维特鲁威之后出现的各种建筑中，我们还能找到两种柱式之间的其他不同，如科林斯柱式的柱身比爱奥尼式要短，柱础也完全不同。除了三层带状饰和波状花边之外，科林斯柱式的框缘上还有两个半圆圈饰线脚和一个 S 形双曲线卷。其檐口有一个镘形饰和齿状装饰[57]，维特鲁威所作的爱奥尼柱式中是找不到这些装饰构件的。

柱子基座的底基

在本书的上篇中，我们对柱式从整体上作了一些设定：柱式整体高度为 43 个小模数，其中 9 个小模数为基座高度；28 个小模数为柱子高度；剩下的 6 个小模数则为柱顶线盘的高度。基座的比例也已经设立，其中柱子基座底基的高度为基座整体高度的 1/4；柱础上沿线脚为基座高度的 1/8。基底石的高度为整个柱底基高度的 2/3，另外的 1/3 则被分为 9 等份，作为组成这 1/3 部分的 5 个构件的计算单位。这 5 个构件包括：圆盘线脚、正波纹线及其带饰和 S 形双曲线卷及其带饰。圆盘线脚占有 2.5 等份；正波纹线占 3.5 等份，其带饰占有 0.5 等份；S 形双曲线卷占 2.5 等份，其带饰占 0.5 等份。圆盘线脚的出挑与整个柱础的一致；正波纹线的出挑为 2.75 个 1/5 小模数，其 S 形双曲线卷及其带饰的出挑为 1/5 个小模数。

帕拉第奥为柱础设立的样式基本上是对康斯坦丁拱券的临摹，而科林斯柱式与之的区别只是在柱础最上面的部分没有设置 S 形双曲线卷，而是用顶上带有凹弧线脚的半圆圈饰线脚取而代之。在万神庙的祭台上，设置也大致相同，唯一的区别是，S 形双曲线卷设置的是半圆圈饰线脚，而非带饰。

柱础上沿线脚

组成柱础上沿线脚的 6 个部分包括一层 S 形双曲线卷及其上部的带饰、由檐顶滴水板下部延伸出来的正波纹线（正波纹线将滴水板镂空，形成水滴饰）、檐顶滴水板、另一层 S 形双曲线卷及其正上方的带饰。整个檐口被分为

11 等份，其中第一层 S 形双曲线卷占 1.5 等份，其带饰占 0.5 等份；正波曲 [130]
线占 3 等份；檐顶滴水板占 3 等份；上面一层的 S 形双曲线卷占 2 等份，其带
饰占 1 等份。下层的 S 形双曲线卷及其带饰的出挑为 1/5 小模数（由基座身
表面算起）。从正波纹线到滴水饰边的比例为 2⅙ 个 1/5 小模数。檐部滴水板
的出挑为 3/5 小模数，上层的 S 形双曲线卷及其带饰出挑滴水板 1/5 个小
模数。

　　这种柱础上沿线脚的样式也与帕拉第奥的设计相一致，用上层 S 形双曲
线卷代替了正波曲线，这和万神庙的设计是不同的。而康斯坦丁拱券里的柱
础上沿线脚设计就比较怪异，与柱础之间的比例也不寻常，这是因为和大多
数基座相比，这种柱础上沿线脚和柱础一样，都十分简洁。因此，和我所设
定的六个组成构件不同，此柱础上沿线脚只包括四个部分：一个带饰、一个
半圆圈饰线脚、一个正波曲线及其带饰。除此之外，这些组成部分之间的比
例很不均衡。其半圆圈饰线脚下的带饰比例很小，而半圆圈饰线脚和正波曲
线的比例则显得太大。蒂沃利维斯塔神庙中，不单是柱础上沿线脚，连柱础
的比例也同样失衡，用一个大 S 形双曲线卷取代了柱础的基座和基底石。

柱础

　　那些遵循维特鲁威理念的古代建筑师为科林斯柱式设计了一种新的柱础。
这种柱础是爱奥尼式和阿提克式的混合体，带有阿提克式的双层圆盘线脚，同
时又设置有爱奥尼式的双半圆圈饰线脚和双凹弧线脚。古今各种建筑中，对于
柱础比例的设计是多样的。按照以往的一贯做法[58]，我所设定的柱础比例为这些
比例的均值。同时，像多立克柱式以三为基数进行等份划分一样来确认其各组
成构件的比例，我们也可以将科林斯柱式的柱础以四为基数进行类似的等份划
分。整个柱础的高度为柱础半径的长度，其中的 1/4 为方形柱础基座的高度；
其余的 3/4，下层圆盘线脚占 1/4；上层圆盘线脚占 1/4；最后的 1/4 为柱础中
部几层半圆圈饰线脚的高度，单层的高度为柱础高度的 1/8。每层圆盘线脚和半
圆圈饰线脚间隔的 1/4 为每层圆盘线脚上凹弧线脚大带饰的高度；间隔的另外
1/4 为半圆圈饰线脚小带饰的高度；剩下的 2/4 则是凹弧线脚的高度。

　　出挑的计算单位通常为 1/5 小模数。大型的圆盘线脚，例如方形基座，
其出挑为 3/5 小模数（从柱身表面算起）。半圆圈饰线脚和下层凹弧线脚大带
饰的出挑为 2/5 小模数；上层圆盘线脚和凹弧线脚小带饰的出挑为 1.75/5 小
模数；上层凹弧线脚大带饰的比例则为 1.5/5 小模数。

　　我为柱础设定的比例和样式与古代的各种建筑基本一致。不过，在我的
设定中，两层凹弧线脚的比例是一致的，而在古代建筑中这两个构件的比例 [131]
则不同，上层一般比下层的要小一些。但是，现代建筑师还是倾向于比例一
致的凹弧线脚，因此我也不愿盲从古人的做法。

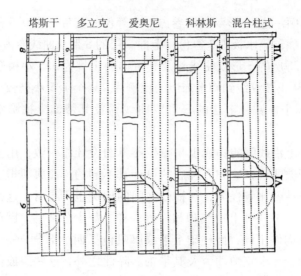

塔斯干　　多立克　　爱奥尼　　科林斯　　混合柱式

柱身

关于柱身需要注意的是，这一点此前我也提到过，科林斯柱式的柱身要比爱奥尼式柱身稍微短一点，这是因为其柱头较高。如果我们像其他柱式那样按比例递增柱身，那么整根柱子就会显得过高。由于爱奥尼式和科林斯式在柱子凹槽上没有什么很大的区别，相关内容在前一章节我已经详述过，在此就不再对科林斯式凹槽进行赘述，包括外形和数量。不过，有些古代的爱奥尼式建筑的凹槽数量会比科林斯式的少一些。例如在福耳图那神庙，凹槽的数量就只有20。但是有些科林斯式柱子凹槽数量也不多于20，如蒂沃利的维斯塔神庙。

柱头

与爱奥尼式与塔斯干式以及多立克式柱子在柱头上的差异比起来，科林斯式与其他柱式柱头的差异则更大，因为它既没有柱顶盘也没有镘形饰，而这些则是塔斯干式、多立克式和爱奥尼式最基本的组成构件。实际上，说科林斯柱式没有柱顶盘并不十分确切，但它的柱顶盘和其他柱式的完全不同；其四个平面都呈内弧形，每个平面的中间都带有一个圆花饰。柱头上的镘形饰和柱环饰被花瓶口一样的镶边替代。取代颈部的构件被拉长，并装饰有16片叶饰，分为两层，并向外形成弧线。在这些叶饰之中又有茎干延伸出来，形成涡卷。但所有这些都和爱奥尼式不同；在爱奥尼式柱头中，涡卷数量为4，而在科林斯式中，涡卷达到了16个，每个平面4个。

[132]

为了分析这种柱头的高度，我们先设定柱头比整个柱身底径高出1/6，共

3.5 小模数。我们将这个数值分为 7 等份，将其中最下面的 4 等份归为两层叶饰的高度，每层的高度为 2 等份。接下来，我们将每层叶饰的高度又分为相等的 3 微份，其中最顶部的 1 微份决定着叶饰下垂的曲度。在柱头顶端，茎饰、涡卷和柱顶盘共占柱头整体高度 7 等份中剩下的 3 等份。我们将这个部分再细分为 7 微份，其中柱顶盘占 2 微份；其下涡卷占 3 微份；最下面的 2 微份则为茎饰或茎梗饰的高度，其中的 1 微份为叶饰的下垂曲度。这些叶饰在柱头的四角处和四侧的中点成对地相接起来；这些接点同时也是涡卷的交点。这些交点位于柱顶盘的四角之下，在此处有一片莨苕叶饰，叶饰向柱顶盘角尖处向上延伸，用于装饰涡卷下垂处与柱顶盘四角之间的垂直镂空处。

在中部叶饰翘起的侧面上，每片叶饰都被岔开，将其分成 3 层小叶饰。然后小叶饰再次被岔开。一般来说，这些小叶饰又被分成 5 层；被称为橄榄叶饰。如果小叶饰被分为 3 层，则被称为桂树叶饰。中部叶饰向外卷曲的部分则被分为 11 片小叶饰，其表面出挑；其他叶饰的叶面则为凹形。如同茎饰在柱顶盘中心支撑着圆花饰一样，在小茎梗饰与中心涡卷之间则延伸出一个百合花饰，位于中部叶饰之上。

为了对柱头进行规划，我们先绘出一个与方形柱础基座相当的正方形，然后以其边长为基准构建一个等边三角形。与这个基础相对的角就是柱顶盘曲率的中心。为了确定柱顶盘的切割角，我们将此正方形的一边分为 10 等份，边长的 1/10 则为此正方形切割角的宽度。

关于这种柱头的比例，古代建筑中的实例与建筑著述中的描述并不一致。在古代，在有些建筑和规定中，例如蒂沃利的西比尔神庙以及在维特鲁威的著述中，整个柱头要比我们的设定短 1/7，只达到柱身底基的直径长度。有时候则高一点，如罗马的维斯塔神庙和尼禄金殿的正立面，其柱头高出柱身底基直径长度的 2/6。有些建筑，如塞普蒂默斯柱廊和朱庇特神庙，其柱头高度跟我的设定相当。还有些建筑，如万神庙、罗马广场的三根立柱、福斯蒂娜神庙与复仇者战神庙、塞普蒂默斯柱廊以及康斯坦丁拱券，其柱头则比我的设定短一点。而在另一些建筑中，如戴克里先浴场，柱头又有可能高出一些来。在柱头高度的问题上，现代建筑师的观点也不一致。帕拉第奥、斯卡莫齐、维尼奥拉、维奥拉和德洛姆的设计与我的设定相同；而让·布兰、阿尔伯蒂、卡塔尼奥、巴尔巴罗和塞利奥则遵循维特鲁威的设定，将柱头设计得短一点。维特鲁威的著作中规定，柱顶盘的高度应该为整个柱头的 1/7，如福斯蒂娜神庙和罗马广场的三根立柱。但在万神庙、安东尼教堂和内尔瓦广场等建筑中，柱顶盘的高度比例较小，只有柱头的 1/8，这和我的设定只有 1/3 分度的差别。而在另一些建筑中，例如罗马的维斯塔神庙以及蒂沃利的西比尔神庙，柱顶盘的高度比例比我的设定要高，能够达到柱头的 1/5 或 1/6。

柱头的样式比较固定。维特鲁威的设置以及蒂沃利的西比尔神庙中设定的都是莨苕叶饰。但很多古代建筑中，人们都将橄榄叶饰分为 5 层。但有些

[133]

建筑师则将叶饰分为 4 层，例如复仇者战神庙中的设计。还有一些建筑，如罗马的维斯塔神庙，其叶饰只有 3 层。塞利奥、巴尔巴罗和卡塔尼奥等现代建筑师使用的都是莨苕叶饰。在古代建筑中，上下两层叶饰的高度有时候并不一致；其下层叶饰要比上层的要高，如万神庙的柱廊和内殿、罗马的维斯塔神庙、蒂沃利的西比尔神庙、福斯蒂娜神庙、内尔瓦广场、康斯坦丁拱券、罗马斗兽场和戴克里先浴场。有些建筑中，上层叶饰要高一些，如安东尼教堂。另外还有些建筑和我的设定一致，其上下层叶饰高度完全一致，如罗马广场的三根立柱、朱庇特神庙、复仇者神庙、尼禄金殿的正立面和塞普蒂默斯柱廊。有些建筑中，其中线两侧的叶饰被中部的叶梗所拆分为更小的叶片，如万神庙、福斯蒂娜神庙、朱庇特神庙和复仇者战神庙、尼禄金殿的正立面、安东尼教堂、塞浦蒂娜神庙、朱庇特神庙和复仇者战神庙、尼禄金殿的正立面、安东尼教堂、塞普蒂默斯柱廊和戴克里先浴场。然而有些建筑的叶饰是不分岔的，如罗马的维斯塔神庙、蒂沃利的西比尔神庙、罗马广场的三根立柱、内尔瓦广场和康斯坦丁拱券。在一些建筑中，底部的第一层躺卧的叶饰往往出挑，而一些建筑中更是如此，例如罗马的维斯塔神庙。在尼禄金殿的正立面以及戴克里先浴场残存壁柱的柱头上，其叶饰比一般柱头上设置得要多一些。一般的柱头的四个平面上，上层为 2 片叶饰，下层为 3 片叶饰。而在尼禄金殿的正立面以及戴克里先浴场的柱头上，其上层为 3 片叶饰，下层为 4 片叶饰。另外，在尼禄金殿正立面的壁柱上，位于茎梗饰和中部涡卷之间还有一片被用来取代百合花饰的叶饰，这种设计与罗马维斯塔神庙柱头的构建相同。

[134]   维特鲁威并没有提到需要对科林斯式柱顶盘的四角进行切割，而且他在指称柱顶盘时，只提到了四角而非通过切割而出现的八角形。可能是基于他的理念，罗马维斯塔神庙的柱顶盘也为四个尖角。柱顶盘中心的圆花饰的规格也各不相同。维特鲁威认为圆花饰的宽度应该与柱顶盘的宽度相当，但在他之后的建筑师都将其向下延展，伸到到柱头柱石鼓或柱头铃状饰边缘之内。但在蒂沃利的西比尔神庙，圆花饰的宽度却被延伸，覆盖了整个中央涡卷，其样式也不同。一般来说，一个圆花饰拥有 6 片叶饰，每片叶饰像橄榄叶一样被分成 5 小片，在其中心又会有一条鱼尾状的饰件波动向上，例如万神庙、福斯蒂娜神庙、朱庇特神庙、复仇者战神庙、内尔瓦广场和戴克里先浴场。在维斯塔神庙，这种饰件的形状不像鱼尾，而更像麦穗。在蒂沃利的西比尔神庙，其大圆花饰的叶饰没有枝权，叶片中部的饰件形状也如同麦穗，呈卷曲状。在尼禄金殿的正立面则设置的是百合花饰。在安东尼教堂和康斯坦丁拱券，圆花饰的基部被向上翻转，中部也带有麦穗饰。罗马广场的三根立柱的圆花饰周围设置的是向下悬垂的莨苕叶饰，其中部则为一个石榴饰，依然向下悬垂。在塞普蒂默斯柱廊，圆花饰被一块雕塑（老鹰抓着闪电）所取代。处于柱顶盘中部的圆花饰（或是其他替代装饰）在其出挑上是多变的。在有

些建筑中，它的出挑部分会超过柱顶盘边角之间的连线，如罗马广场的三根立柱、万神庙的祭坛、西比尔神庙以及安东尼教堂。有些建筑圆花饰的出挑则局限于这条连线之内，如朱庇特神庙、复仇者神庙和戴克里先浴场。还有一些建筑其原始的出挑点就位于柱顶盘边角间的连线上，如万神庙和福斯蒂娜神庙。

有些建筑的涡卷会相互连接起来，例如万神庙的柱廊及其内殿、朱庇特神庙和复仇者战神庙等。而在另外一些建筑中，涡卷之间却是独立的，例如维斯塔神庙、尼禄金殿的正立面以及安东尼教堂等等。在古代建筑中，涡卷的螺旋饰的处理方式主要有两种。有些螺旋饰朝同一个方向旋转，直至底端，像蜗牛壳一样。而另一些螺旋式则是从中心迂回旋转，呈小 S 形。第一种样式主要集中在万神庙、罗马的维斯塔神庙、蒂沃利的维斯塔神庙以及戴克里先浴场等建筑中。第二种样式已经被现代建筑师所摈弃，只出现在一些古代 [135] 建筑中，如万神庙的柱廊、塞普蒂默斯柱廊、罗马广场的三根立柱、朱庇特神庙、复仇者神庙、福斯蒂娜神庙、尼禄金殿正立面、安东尼教堂、内尔瓦广场和康斯坦丁拱券。罗马广场三根立柱的涡卷则最为特别。它们不是像其他柱式那样在边缘处连接，而是在每个侧面的中点处上下叠加式地交叉起来。

柱顶线盘的高度为 6 个小模数，一般被分为 20 等份，其中 6 等份为框缘的高度，6 等份为中楣的高度，剩下的 8 等份为檐口的高度。但是无论是在古代还是现世，建筑师在这几个部分之间的比例上从未达成过一致。在朱庇特神庙、西比尔神庙以及塞利奥和让·布兰的作品中，其中楣要比框缘高一些。但在安东尼教堂、塞普蒂默斯柱廊和康斯坦丁拱券以及帕拉第奥、斯卡莫齐、巴尔巴罗、卡塔尼奥和维奥拉等人的作品中，中楣要比框缘矮一些。而在万神庙的内殿中，两者的高度又是一致的。

框缘

为了确定组成框缘各个构件的高度比例，我们将这 6 个构件各分为 3 等份，那么一共就为 18 等份。顶端的 S 形双曲线卷占 3 等份；这 3 等份中的 1.25 等份为其带饰高度。双曲线卷下的大半圆圈饰线脚占有 1 等份。上层带状饰占 5 等份。带状饰下面的小 S 形双曲线卷占 1.5 等份。中部的带状饰占 4 等份。带状饰下面的小半圆圈饰线脚占 0.5 等份。最下层的带状饰占 3 等份。我将框缘的全面出挑设定为 2/5 小模数，其中上层带状饰的出挑为 1/5 小模数；中层带状饰的为 0.5/5 小模数；最下层的带状饰则与柱子顶端的表面并齐。

这些比例都是在古代和现代建筑中的各种极端设计之间所取的均值。我为大 S 形双曲线卷设定的高度比例为整个框缘的 1/6，但在万神庙的柱廊和内殿、福斯蒂娜神庙、朱庇特神庙、内尔瓦广场、塞普蒂默斯柱廊、康斯坦丁

拱券、罗马斗兽场以及戴克里先浴场中，大 S 形双曲线卷的高度比例都超过
了框缘的 1/5。然而在复仇者神庙和罗马广场的三根立柱中，这个比例却只有
1/7。现代建筑师对于此比例的设定也是各不相同，维尼奥拉、帕拉第奥、阿
尔伯蒂和德洛姆的设定都大于 1/5，而塞利奥、巴尔巴罗、卡塔尼奥和让·布
兰的设定却只有 1/7。

　　框缘在样式上也变化各异。有些科林斯式的框缘上的 S 形双曲线卷被下
部带有柱顶环饰的凹弧线脚所取代，如协和神庙、尼禄金殿的正立面以及安
东尼教堂。有时候，凹弧线脚下的柱顶环饰又会被一个 S 形双曲线卷所取代，
例如西比尔神庙和斯卡莫齐的作品。还有一些建筑，如罗马斗兽场和康斯坦
丁拱券，其框缘的 S 形双曲线卷之下或者带状饰之间没有设置任何饰品。而
在西比尔神庙以及斯卡莫齐的作品中，只设置了半圆圈饰线脚，没有小 S 形
双曲线卷。在复仇者战神庙，同样也没有小 S 形双曲线卷，只有半圆圈饰线
脚。[59] 另外的一些建筑则只有两层带状饰，如尼禄金殿的正立面以及安东尼教
堂。最后，以罗马广场三根立柱为代表的一些建筑中，其中层的带状饰上附
带有很多饰品。

[136]

中楣

　　关于中楣，值得一提的是，在一些建筑中它和框缘并不是以直角相连，
而是通过弧线连接起来，形成一条凹弧线脚。戴克里先浴场和朱庇特神庙都
是采用的这种做法。这种方式在古代建筑中很少见；我们甚至可以说这种做
法有些笨拙，因为当框缘和中楣直角相接时，连接点的位置十分清晰。但如
果我们使用凹弧线脚，那么连接点则会显得是处在中楣中部的，适得其反。
但是，帕拉第奥和斯卡莫齐还是在他们的设计中采用了这种方法。

柱顶线盘上的檐口

　　为了确认组成檐口各构件的比例，我们将整个檐口先分为 10 等份。檐口
由 13 个构件组成。第一个构件为最底端的 S 形双曲线边，占 1 等份，其带饰
为第二个构件，占 0.25 等份；第三个构件为齿状装饰，占 1.5 等份；第四个
和第五个构件为齿状装饰上的带饰和半圆圈饰线脚，各占 0.25 等份；接下来
的是第六个构件，柱顶环饰（镘形饰），占 1 等份；第七个构件为托檐石，占
2 等份；第八个构件为托檐石上的 S 形双曲线卷，占 0.5 等份；第九个构件为
檐顶滴水板，占 1 等份；第十个构件为檐顶滴水板上的小 S 形双曲线卷，占
0.5 等份；第十一个构件为双曲线卷的带饰，占双曲线卷等份的 1/4；第十二
个构件为正波纹线或大波状花边，占 1.25 等份；第十三个构件为带饰，占
0.5 等份。

　　出挑的计算单位为 1/5 小模数。底端大 S 双曲线卷的出挑为 1/5 小模数（从中楣表面算起）；齿状装饰的出挑为 2/5；齿状装饰之上的半圆圈饰线脚出挑为 2.5/5；镘形饰的为 3.25/5；托檐石后面的支撑构件为 3.5/5；檐部滴水板的为 9/5；小 S 双曲线卷及其带饰的为 10/5；大波状花边的为 12/5。

　　无论古今，还没有出现过组成构件比例完全一致的两组科林斯柱式的檐口。我所设立的檐口比例主要以最为出众的科林斯柱式建筑——万神庙——为依据。同时我还采用了其所有的样式设计，但是小 S 形双曲线卷的设置除外，我依照其他古代建筑里的设计，将其安置在檐部滴水板与大波状花边之间。而在万神庙，在此位置上只有一层带饰。 [137]

　　檐口的样式及其比例也是各式各样。例如在和平神庙、罗马斗兽场和维罗纳的狮子拱门，托檐石被直接安置在波状花边之下，檐口并没有檐部滴水板。但在其他建筑中，尼禄金殿的正立面，檐部滴水板的比例则非常大。有些建筑的檐口带有两个镘形饰，位于齿状装饰的上下两端，如和平神庙。还有一些，如罗马广场的三根立柱，齿状装饰上下各有一个大 S 形双曲线卷和镘形饰。而万神庙、福斯蒂娜神庙和西比尔神庙等建筑的檐口，其齿状装饰的装饰线脚并没有被切割成独立的齿状装饰。维特鲁威认为，齿状装饰不能与托檐石邻接，但在大多数古代建筑中，科林斯式檐口都带有被切割过的齿状装饰。因此，由于切割齿状装饰在科林斯式中被广泛应用，我们认为维特鲁威的这条法则不适用于这种齿状装饰。我个人认为这个判断是很合理的，因为独立的齿状装饰属于爱奥尼柱式的特征；齿状装饰上下的镘形饰和 S 形双曲线卷一般都被加以修饰，但这种过于复杂的装饰却会造成完全相反的外观效果。西比尔神庙、塞普蒂默斯柱廊和福斯蒂娜神庙等建筑中的檐口没有托檐石。还有一些建筑的托檐石呈方形，并附带一些带状饰，如尼禄金殿的正立面以及现代建筑师设计的混合柱式；另一些建筑的托檐石则没有涡卷，但前部十分方正，例如在和平神庙。还有一些建筑，其涡卷托座并没有覆盖叶饰，取而代之的是带有老鹰标识的装饰品，与康斯坦丁拱券檐口上用于拱基装饰的图案类似。一般来说，覆盖涡卷托座的叶饰为分叉型的橄榄叶饰，但有些建筑师也使用莨苕叶饰取代橄榄叶饰，如罗马广场的三根立柱以及戴克里先浴场。在大多数情况下，托檐石的规格及其设置与柱子本身并无联系，但像罗马广场的三根立柱和康斯坦丁拱券那样，把它安置在柱子中心的做法，还是比较罕见的。在内瓦尔广场和康斯坦丁拱券中[60]，每根柱子的檐部都出挑，而且柱子上的托檐石有 4 个（一般柱式上为 3 个），因此无法与其中心对齐。

　　最后，我们还要关注一下檐口托饰在三角山花墙上的定位。古代的传统做法是将它们与水平面呈垂直状态，也有少数人将它们与鼓室（tympanum）线相垂直，如塞利奥在维罗纳拱门的设计中所采用的方法。很明显，水平垂直这种做法已经成为一条通用法则。然而，根据维特鲁威的理念，我们还是 [138]

有理由对其质疑的。维特鲁威模仿木制建筑来建构檐口上所有与齿状装饰和托檐石相关的构件，因为它们代表着木制屋顶的组成构件。檐口托饰一般被看成是撑木的端点，在这里它则被看成是三角山花墙的檩条端点，因此，我们可以将檐口托饰放置在三角山花墙中檩条的位置。而由于檩条与三角山花墙中的边线垂直，那么檐口托饰的位置应当与檩条的位置一致。维特鲁威并没有将这一点应用到所有问题上，因为他认为希腊人并没有将檐口托饰放置在三角山花墙之中，这使得檐口显得十分简单，例如奇丝神庙（Temple of Chisi）。这个观点的依据是三角山花墙中的檐口托饰无法与木制建筑构件契合，因为他说过，将檩条的替代品放置在无需设置檩条的位置（即山墙）上是不合理的。但假设我们仍然将檐口托饰安置在三角山花墙中：由于它们在此位置所代表的唯一事物为檩条的端点，它们的位置和定位就只能是檩条端点的位置。这也就是为什么现代建筑师在三角山花墙中檐口托饰和齿状装饰的设计上与古代的传统做法完全相反。已故的芒萨尔先生（Mansart）在万福玛丽亚教堂的入口以及圣安东尼教堂过道的设计就是现代设计方式的典范之作。[61]

维特鲁威在大波状花边上设置的狮头装饰在其他的古代建筑中并不多见。在罗马广场的三根立柱上，取代狮头的是带有太阳光辉的阿波罗头像，被安置在六片茛苕叶饰构成的圆花饰的中部。

檐口的底面上，在两个檐口托饰之间设置有方形的饰板，上面则是圆花饰。方形饰板一般呈长方形，如万神庙的柱廊、罗马广场的三根立柱以及康斯坦丁拱券，但朱庇特神庙和戴克里先浴场的饰板则为正方形，比较少见。在有些建筑中，圆花饰下没有饰板，如协和神庙与罗马斗兽场。以戴克里先浴场为例，一般来说，柱式上圆花饰的形状从不雷同。在一些建筑中，檐口托饰的涡卷不断延长伸出了其顶端的 S 形双曲线卷，如戴克里先浴场；另一些建筑的檐口托饰涡卷则仍限制在 S 形双曲线卷的边缘之内，如万神庙的柱廊、内瓦尔广场与康斯坦丁拱券；还有一些建筑涡卷出挑到了 S 形双曲线卷的中心，如万神庙的中殿、罗马广场的三根立柱和朱庇特神庙。另外，在一些像戴克里先浴场这样的建筑中，覆盖檐口托饰的叶饰都被延伸到了涡卷处；有些建筑的叶饰还延展到了涡卷的内边，例如罗马广场的三根立柱和朱庇特神庙；还有些建筑，其叶饰甚至延伸到了涡卷的中心，如内瓦尔广场、朱庇特神庙[62]和康斯坦丁拱券。

[138]

然而，在现代建筑师中，只有斯卡莫齐设计的檐口最具特色。他所设计的檐口没有齿状装饰，檐口托饰特别小，而檐口的比例则极大，出挑整个檐口托饰近 1/2，形成一条很大的檐槽，和混合柱式十分相近。看起来，这种出挑设计是在模仿戴克里先浴场，但是后者的檐口出挑要小得多。这种设计使得檐口托饰比例变小，在空间上比一般柱式更为紧凑[63]，能够拉短柱式间的距离。这样，柱子间柱顶盘的四角便可以相接起来，但同时又能保证檐口托饰与柱子的中点对齐。而在一般的柱式中，是不可能达到这种效果的；各柱子柱顶盘的四角外边缘之间必须留出一定的间隔。在维尼奥拉的设计中，间隔为 45 分度；在帕拉第奥的设计中为 16 分度；我们设定的间隔则为 12 分度。我相信，最好的设计效果是：根据需要，柱子的间距能够尽可能地被拉近。例如在柱廊中，柱子需要成对设立，那么它们的间距就越短越好。不过，由于斯卡莫齐设计的檐口没有齿状装饰，而齿状装饰又是科林斯柱式最基本的特征，我们可以认为这种设计已经不属于常规之作。因此，我们不能过多使用这种柱式设计。

EXPLANATION OF THE FIFTH PLATE
对第五个图版的说明

A. ——古代建筑师在维特鲁威所做的科林斯与混合柱式之后发明的柱础。它的构件高度经过拆分，并被分成 4 份，它们的出挑被分作 5 份

B. ——科林斯柱头与维特鲁威的不同，同样由于其比例，它的高度较高，也由于其特征，因为它橄榄叶形饰而不是维特鲁威给出的莨苕叶形饰

C. ——柱头平面

D. ——涡卷或柱头的螺旋从后面以一个 S 形弯入中心

E. ——罗马维斯塔神庙柱头的月桂树叶

F. ——维斯塔神庙柱头的花形图案柱顶盘

G. ——罗马畜牧场三棵柱子柱头的玫瑰形柱顶盘

H. ——安东尼巴西利卡的柱头玫瑰形柱顶盘

I. K. L. ——檐部显示的檐口托饰，它们与柱子成一条线，与柱础的出挑、与柱子柱身两端的外观表面相关

第五章

混合柱式

　　我们通常所说的混合柱式，也被一些人称为意大利柱式，因为这种柱式是罗马人发明的，而且"混合"一词并不能将其与其他柱式区分开来。按照维特鲁威的观点，科林斯柱式也可以被看成是爱奥尼式与多立克式的组合。另外，维特鲁威所设定的科林斯式与古代科林斯柱式之间的差异，绝不小于后者与混合柱式之间的差异。古代的科林斯柱式在其檐部的檐口上装饰有檐口托饰和镗形饰，框缘上装饰有半圆圈饰线脚；其柱头上饰有橄榄叶饰；柱础上带有两层圆盘线脚。这些重要的构件都未见于维特鲁威所确立的科林斯柱式，为卡利马库斯（Callimachus）[64]首创，且更为稳固。

　　塞利奥是第一个在维特鲁威所规定的四种柱式之外大胆创新的建筑师，他综合巴克斯神庙、提图斯拱券、塞普蒂默斯拱券、金史密斯拱券以及戴克里先浴场的柱式风格创造出了第五种柱式，但这种柱式只是在柱头部分模仿古人。帕拉第奥和斯卡莫齐则按照尼禄金殿的正立面（从柱头上看，这个建筑仍属于科林斯式）为维特鲁威设计的柱式增加了独特的檐部。由于这种檐部在柱式构件中十分重要，其独特的外形从未见于古代科林斯柱式之中，所以其设计者们都认为，一旦这种檐部与维特鲁威的柱头结合，那么这种柱式就需要与其他柱式区分开来。但事实上，对于一种比科林斯式更为精致复杂的柱式来说，除非我们宣称这种柱式的檐部与柱头保持一定的比例，否则檐部在规格上会显得有所欠缺。但柱头实际上也比科林斯式的要简单一些。因此，斯卡莫齐在维罗纳的狮子拱门上将混合柱式置于科林斯式之下是合理的。这种混合柱式檐口特别适用于那些没有柱子或壁柱的建筑的框缘上，例如卢浮宫的外部构件。

　　维特鲁威只是提到了这种柱式的特点是其柱头由多立克式、爱奥尼式和科林斯式的一些构件所组成。由于他并没有像现代建筑师那样对其各个部分的比例进行叙述，也没有改变柱头以及柱子其他部分的比例，因此我们可以认为维特鲁威并没有将之看成是一种独立的柱式。而现代建筑师则不同，如塞利奥和其他很多人，都为混合柱式设置了各种比例，使之高于科林斯柱式。

　　我们在前面已经提到过柱式随着其精致程度的提高而高度递增。整个混合柱式的高度为46小模数，其中基座高度为10个小模数，带有柱础和柱头的柱子高度为30个小模数，柱顶线盘的高度为6个小模数。

柱子基座的底基

如同所有柱式一样，带有基底石的柱子基座高度为整个柱础高度的 1/4。柱础部分除了基底石余下的部分占整个柱础的 1/3。在科林斯柱式中，这一部分由 5 个构件组成，而在混合柱式中，组成这一部分的构件一共为 6 个，包括：圆盘线脚、小半圆圈饰线脚、正波纹线及其带饰、大半圆圈饰线脚及在基座身表面形成凹弧线脚的带饰。为了获取这些构件的高度比例，我们将柱础除基底石之外的余下部分分为 10 等份。其中圆盘线脚占有 3 等份；小半圆圈饰线脚 1 等份；正波纹线的带饰 0.5 等份；正波纹线 3.5 等份；大半圆圈饰线脚 1.5 等份；形成凹弧线脚的带饰 0.5 等份。出挑的计算单位一般为 1/5 小模数。大半圆圈饰线脚的出挑为 1/5 小模数；正波曲线带饰的出挑为 $2\frac{2}{3}$ 个 1/5 小模数。圆盘线脚的出挑与整个柱础一致，为柱础的高度比例。

古代和现代的建筑师对于这种柱础的比例和样式都有着不同的观点和设置。提图斯拱券的柱础由十个构件组成，构件之间以凹弧线脚分开。在塞普蒂默斯拱券中，柱础只有四个组成构件，而在金史密斯拱券，组成柱础的构件则为五个。斯卡莫齐为他的科林斯柱式设置了提图斯拱券中混合柱式的柱础。在此，我为混合柱式设立的组成构件数量为六个，这是对于混合柱式的两种极端设计——提图斯拱券（装饰过于复杂）和塞普蒂默斯拱券（过于简单）之间所取的均值。

柱子基座上沿线脚

柱子基座上沿线脚一般为整个基座的 1/8，由 7 个部分组成：位于基座身表面形成凹弧线脚的带饰、大半圆圈饰线脚、正波曲线及其带饰、檐顶滴水板、S 形双曲线卷及其带饰。整个柱子基座上沿线脚高度被分为 12 等份，其中基座身带饰占 0.5 等份、半圆圈饰线脚 1.5 等份、正波纹线 3.5 等份、正波纹线带饰 0.5 等份、上沿线脚滴水板 3 等份、S 形双曲线卷 2 等份、线卷的带饰 1 等份。下层带饰及其上部半圆圈饰线脚的出挑为 1/5 小模数；带有带饰的正波曲线出挑为 3/5 小模数；檐部滴水板出挑为 3 又 1/3 个 1/5 小模数；带有带饰的 S 形双曲线卷出挑为 4.5/5 个小模数。

柱子基座上沿线脚在比例与样式上与柱础基座的情况比较一致，提图斯　[144]
拱券和塞普蒂默斯拱券中的混合柱式的设计都过于极端。

柱础

混合柱式的柱础与科林斯柱式的柱础（如提图斯拱券中的科林斯式柱础）

塔斯干　　多立克　　爱奥尼　　科林斯　混合柱式

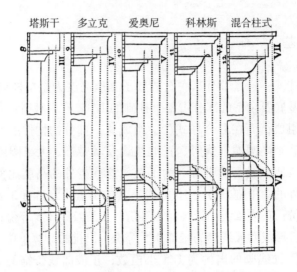

相同。有些建筑中，如巴克斯神庙、塞普蒂默斯拱券、维罗纳拱券和戴克里先浴场，混合柱式被加添了阿提克式柱础。维尼奥拉为混合柱式设置了一种特别的柱础，仿效先前戴克里先浴场的科林斯式柱础，这种柱础与科林斯式柱础的唯一区别是：它在两个凹弧线脚之间只安设了一个半圆圈饰线脚。另一个半圆圈饰线脚已经从该位置上移走，被安放在一个大圆盘线脚和第一层凹弧线脚之间。事实上这种柱础已经遭到摒弃，因为在两层带饰之间只安设了一个半圆圈饰线脚，这种只由凹弧线脚支撑的构件很不稳定，使得柱础在此处过于薄弱和尖锐。这种柱础设计可能是承袭协和神庙的样式，后者只采用了单层带饰代替两个凹弧线脚之间的两个半圆圈饰线脚及其两层带饰。这种设置比维尼奥拉的柱础中的单半圆圈饰线脚更不合理，后者至少设计有两层用于支撑的带饰。

[145]　**柱身**

与科林斯柱式比起来，混合柱式柱身最显著的特征只是其比前者高出 2 个小模数。

柱头

我们说过，混合柱式与科林斯柱式的柱础基本相同，柱顶线盘的设计也经常一致（如提图斯拱券的科林斯式柱顶线盘）。而混合柱式柱头则是将其与其他柱式区别开来的重要构件。和科林斯柱式一样，我们先设定混合柱式的整个柱头高度比柱身根部直径多出 1/6。因此我们可以将其分为 6 等份，其中的 4 等份为叶饰的高度。向外微卷的叶饰占 1 等份[65]；这层叶饰之上的 3 等份为涡卷、S 形双曲线卷、半圆圈饰线脚和柱顶盘。我们将这三等份细分为 8 微份，其中第二层叶饰顶部的涡卷占 6.5 微份；柱顶盘占 2 微份；柱顶盘与 S 形双曲线卷之间的空间占 1 微份；S 形双曲线卷占 2 微份；半圆圈饰线脚及其带饰占 1 微份。花形饰位于 S 形双曲线卷之上，柱顶盘中部，并逐渐延伸到其顶部，其宽度比其高度高出 0.5 微份。和科林斯柱式一样，出挑的计算单位为 1/5 小模数。柱头的设计与科林斯柱式的也十分类似。叶饰的形状为莨苕叶；柱顶盘中部的花形饰由多片叶饰组成，有些叶饰向中心卷曲，而有的则是向外部卷曲。在柱顶盘的四角，有些叶饰如同科林斯式柱头的茎梗饰一样，向上卷曲，而剩下的叶饰则以每个涡卷的边缘为方向卷曲向下。混合柱式用小花形饰取代了科林斯式柱头的茎梗饰，与柱头的钟形饰或鼓形饰相连接，向柱头各平面的中心曲卷，在末端则饰以圆花饰。

在现代和古代的建筑中，混合柱式柱头构件的比例，甚至是其整体高度比例，都从未统一过。在一些建筑中，其高度比我所设定的 70 分度还要高。例如，在提图斯拱券中，混合柱式柱头高 74.25 分度；在巴克斯神庙中，混合柱式柱头高 76 分度。在另一些建筑中，柱头的高度又低于我的设定。例如，在塞普蒂默斯拱券中，柱头高度只有 68.5 分度；在金史密斯拱券，柱头高 68.75 分度；在塞利奥的设计中，柱头的高度仅为 60 分度。我设定的柱顶盘高度为 7.5 分度，而在金史密斯拱券中则为 8⅙ 分度；在塞普蒂默斯拱券和戴克里先浴场中为 9 分度；在提图斯拱券中为 10 分度；在巴克斯神庙中为 13 分度。我设定的涡卷高度为 25 分度，这个数值与巴克斯神庙中的涡卷高度一致。但在提图斯拱券中，其涡卷高度为 28 分度；而在戴克里先浴场，涡卷高度只有 22 分度。

[146]

下面让我们来了解一下柱头样式上的差别。一般来说，涡卷会下垂，与叶饰的顶部连接起来。但在某些建筑中，如戴克里先浴场和塞普蒂默斯拱券，这两个构件是分开的。尽管在古代和现代的建筑中，通常来讲，两层叶饰的高度不一，下层叶饰的高度一般都会高于上层，但有些现代建筑师则将两层的高度统一起来。在现代建筑师的作品中，涡卷大多都突显于柱头的钟形饰之上，如提图斯拱券。但有些时候，它们会沿着柱顶盘的底部延伸至柱顶盘与圆凸形线脚饰之间，而没有伸进柱头的钟形饰中，例如金史密斯拱券、塞普蒂默斯拱券、巴克斯神庙和戴克里先浴场。在巴克斯神庙、提图斯拱券、塞普蒂默斯拱券和戴克里先浴场中，涡卷的中部较薄，上下部较厚，但在帕拉第奥、维尼奥拉和斯卡莫齐的设计中，各边的厚度则是相同的。在古往今来的建筑中，这些涡卷看上去都十分坚固，但现在，一些雕塑家将它们分得更开，这样那些使得这些涡卷看上去相互连接的表皮构件就被显露出来。笔者个人认为，这样的做法十分精巧，反之，涡卷就会显得过大，对于这种最为轻巧的柱式来说是不合适的。

和除多立克式之外的其他柱式一样，混合柱式的柱顶线盘被分为 20 等份，其中，框缘与中楣各占6等份，剩下的8等份为檐口高度。对于这些构件间的比例，建筑师没有达成过统一。在巴克斯神庙、塞普蒂默斯拱券和金史密斯拱券，以及帕拉第奥、斯卡莫齐、塞利奥和维奥拉的设计中，中楣都比框缘要矮一些。但在提图斯拱券和维尼奥拉的设计中，二者的高度还是一致的。

　　混合柱式与科林斯柱式之间在框缘上的差异远远大于科林斯柱式和爱奥尼柱式在此处的差异。与科林斯柱式不同，混合柱式框缘只有两个带状饰，其间带有一个小S形双曲线卷。同时，混合柱式使用了一个处在半圆圈饰线脚和凹弧线脚之间的镘形饰取代了波状花边或顶端带有半圆圈饰线脚的S形双曲线卷。为了获得这些构件的高度，如同科林斯柱式一样，我们将整个框缘划分为18等份。我们将其中的5等份设置为第一层带状饰；其上的小S形双曲线卷占1等份；第二层带状饰占7等份；上面的小半圆圈饰线脚占0.5等份；小半圆圈饰线脚所支撑的镘形饰占1.5等份；凹弧线脚占3等份，其带饰占1.25等份。框缘的出挑与科林斯柱式的一致，为2/5小模数。

　　这种框缘的比例和样式与尼禄金殿的正立面以及福斯蒂娜神庙的框缘非常相近。帕拉第奥和维尼奥拉就是依据这种比例设计它们的混合柱式框缘的。

[147]　　不过，以上两座建筑的柱头还是科林斯式的。事实上，古代的混合柱式和这种混合柱式比起来，无论从哪个方面看，差异都是明显的。在巴克斯神庙中，三个带状饰的构件十分简单，没有半圆圈饰线脚隔开它们。在塞普蒂默斯拱券框缘处只有两个带状饰，但是其上层波状花边则是一个带有半圆圈饰线脚的S形双曲线卷，这与科林斯柱式是一样的。而在提图斯拱券中，混合柱式与科林斯柱式在框缘的设计上没有任何差别。

中楣

　　混合柱式的中楣没有任何特别之处，但巴克斯神庙和塞普蒂默斯拱券例外；前者的中楣呈圆形，后来被帕拉第奥加以模仿，后者的中楣和框缘则是以一道大凹弧线脚连接。在本书中，我所参照的是尼禄金殿的正立面，其顶部也包括一道凹型线脚。我所设定的线脚比较小，只是用于将中楣和檐口的第一层构件（带饰）连接起来，这种利用凹弧线脚将其之上的装饰线脚或其他构件连接起来的做法十分普遍。从外观上看，尼禄金殿正立面中楣上的凹弧线脚与其实际大小相当，这是因为中楣上饰有各种浮雕。由于这些浮雕具有一定的厚度，凹弧线脚可以防止浮雕产生相反的效果。例如在没有凹弧线脚的中楣上，且浮雕出挑与柱顶线盘第一层构件的比例相同时，就会产生一种视觉上的反效果。然而，没有凹弧线脚的浮雕中楣更为多见。例如在福斯蒂娜神庙、朱庇特神庙、内尔瓦广场、提图斯拱券和金史密斯拱券中，中楣就不带凹弧线脚。带有这种线脚的中楣主要见于福耳图那神庙、蒂沃利的西比尔神庙和尼禄金殿的正立面等建筑。

柱顶线盘的檐口

和科林斯柱式一样，混合柱式的檐口也可以被分为 10 等份，而且也是由 13 个构件组成。它的檐部滴水板和檐口托饰显得更为厚实；檐口托饰的形状不像 consoles 式的或是用叶子覆盖的样子，而是方形的。因此，混合柱式檐口看上去更为密集严实。它的第一层构件为带饰，占 0.25 等份；第二层为一个半圆圈饰线脚，占 0.25 等份；第三层为一个 S 形双曲线卷，占 1 等份；第四层为檐口托饰的第一个带状饰，占 1 等份；第五层为一个小 S 形双曲线卷，占 0.5 等份；第六层为檐口托饰的第二个带状饰，占 1.25 等份；第七层为带饰，占 0.25 等份；第八层为镘形饰，占 0.5 等份；第九层为檐部滴水板，占 2 等份，其中滴水板下的滴水饰占 1/3 等份；第十层为 S 形双曲线卷，占 2/3 等份；第十一层为带饰，占 1/3 等份；第十二层为大正波纹线，占 1.5 等份；第十三层为带饰，占 0.5 等份。

出挑的计算单位为 1/5 小模数。第一层构件（小带饰）的出挑，按照我们的设定，为 1/5 小模数的 1/3，与其上面半圆圈饰线脚的出挑一致。第三层的大 S 形双曲线卷的出挑为 1/5 小模数的 1⅓。檐口托饰第一个带状饰的出挑为 4⅔个 1/5 小模数；第二个带状饰的出挑为 5 个 1/5 小模数。檐口托饰之上镘形饰的出挑为 5⅔个 1/5 小模数；檐部滴水板的比例为 8.5 个 1/5 小模数；其 S 形双曲线卷的比例为 9.5 个 1/5 小模数；大波状花边的比例为 12 个 1/5 小模数。 [148]

尽管以上构件的设定与檐口的装饰设定一样，都是参照尼禄金殿的正立面所作出的，但同时我也对帕拉第奥和斯卡莫齐的作品加以考虑；这两位建筑师都模仿过尼禄金殿正立面的风格。因此，根据我在书中的折中取均值的做法，我所设定的檐口各构件比例，都是对各种极端性设计的折中处理。例如，尼禄金殿正立面中檐部滴水板的高度占整个檐口的 1/4，显然过大。而在帕拉第奥和斯卡莫齐的设计中，这个数值分别为 1/6 和 1/7。因此，按照取均值的原则，我将这个构件的高度比例设定为檐口的 1/5。在尼禄金殿正立面以及斯卡莫齐的设计中，檐口托饰为檐口的 1/4；而帕拉第奥设计的比例为 1/3，由于帕拉第奥所设计的檐口与斯卡莫齐的设计相比更接近于尼禄金殿的正立面，因此我在此处，以及很多其他地方，都选取帕拉第奥的比例作为设定值。斯卡莫齐保留了科林斯柱式的檐口托饰以下的所有装饰线脚，包括：一个柱顶环饰、一个镘形饰、一个 S 形双曲线卷、一个齿状装饰和一个大 S 形双曲线卷。其他的现代建筑师既不以尼禄金殿正立面为参照，也不像古代建筑师设计提图斯拱券和塞普蒂默斯神庙那样，将科林斯柱式安设在混合柱式之上。维尼奥拉设计的檐口和多立克式一样简单。塞利奥和让·布兰则将其设计得比塔斯干柱式更为复杂。混合柱式这样的精致柱式已经带有大量的装饰，如果还要对其进行更为精细的修饰，就只能对所有那些可以雕刻的构件进行加工了，如半圆圈饰线脚、檐口托饰下的S形双曲线卷、檐口托饰本身的镘形饰和S形双曲线卷以及大波状花边之下的S形双曲线卷。这大概就是为什么即使在混合柱式檐口中雕刻并非像在其他檐口中那样称为一种基础装饰，但在尼禄金殿正立面的大S形双曲线卷上依然出现的原因。

EXPLANATION OF THE SIXTH PLATE
对第六个图版的说明

A.——出现在提图斯拱券的混合柱式中的柱础，与古人所留给我们的科林斯柱式一样

B.——协和神庙柱础，被维尼奥拉的柱础所模仿

C.——从前戴克里先浴场的柱础，模仿自协和神庙，维尼奥拉赋予它以科林斯柱式

K.[66]——我们的雕刻家最近才赋予柱头以比例和特征。它们最显著的特点是叶形装饰的高度一致，涡卷轻盈，深凹而且优美。表皮的盘绕两两分开，涡卷不太像所有古代和现代的作品那样厚重或坚实

D.——尼禄金殿正立面和福斯蒂娜神庙的框缘

E.——中楣顶部有一段空白（congé），如同尼禄金殿正立面，后者的空白更大，也许是因为中楣有装饰雕刻

F.——尼禄金殿正立面的檐口

第六章
壁　柱

　　在对柱子进行过一番讨论之后，留给我们需要涉及的问题是与壁柱有所关联的，这是一些方形的柱子。存在着几种方形的柱子，它们之间的不同主要出现在其应用于墙壁上时矗立的方式，这也是对于柱子本身的一种区分方式。有的柱子是独立的，是完全和墙壁脱离开的，有的则只是与墙壁的一角相连接，这样它就有两个面都是完全露出的。还有一些柱子的1/2或1/3都被嵌入墙壁，只有正面完全露出。同样，我们也可以将壁柱分为独立式的、有三面或只有两面是凸出墙外的，也有只是一个面完全暴露出来的壁柱。

　　独立的方形壁柱在古代建筑中较为罕见。帕拉第奥所描述的特莱维神庙（Temple of Trevi）就是这样的一个例子；壁柱都被设置在柱廊外部的边缘上，用于加固建筑的角落。古人将显露三面的壁柱称为壁端柱（anta）①。维特鲁威则将那些显露两面的壁柱称为转角壁端柱（angular anta），或将围合神庙的壁柱称为壁端柱，以便区别于那些三面壁柱以及设在门廊尽头的柱子。[67]只完全显露单面的壁柱可以分为两种，其中一种柱子整体的一半都显露在墙壁之外，而另一种只将柱子的1/6或1/7显露在墙壁之外。后者在古代建筑中比较罕见，但是经常在现代建筑师手中使用。

　　与壁柱样式相关的主要有四个因素：它们出挑墙面的比例、收分、柱子檐部延伸到它们之上时的设置、柱槽及柱头。

　　如果没有特定要求增加出挑的情况下，单面壁柱对于墙面的出挑一般为1/2或者不多于1/6，如尼禄金殿的正立面。但在万神庙的柱廊，其外部的壁柱仅出挑墙面1/10；内尔瓦广场上壁柱出挑只有1/14。但如果壁柱带有拱基，那么壁柱的出挑则为拱基直径的1/4。这个比例的优点在于我们可以避免对混合柱式和科林斯式柱头进行无序的分割，这是因为如果我们将出挑设置为1/4直径，我们就可以将下层叶饰平均分割；在科林斯柱式中，我们也可以平均分割茎梗饰。柱头间的对称性也是我们在壁柱以凹角相接时将出挑程度设置为壁柱半径以上的原因，这一点，我们将在下一章详述。

　　一般来说，如果壁柱只有单面完全显露，我们则不会自下而上对其进行收分，例如万神庙柱廊的外部构件就不存在收分设计。但如果壁柱与圆柱相

---

　　① 壁端柱，anta：在墙端加厚墙体建造而成的柱子。（Merriam - Webster's Collegiate Dictionary, 3th Edition, p48）。——译者注

互对齐，那么我们就应当延展柱式的檐部，将其同时覆盖在壁柱上，这与万神庙柱廊中柱子的檐部在柱廊外部侧边上缘是不一样的。[68]为了维持檐部的连续性，我们必须保持壁柱与圆柱在收分上的一致，但这种收分只体现在其显露出来的正面之上，壁柱的两侧面并未收分，如安东尼神庙和福斯蒂娜神庙中的壁柱。但当壁柱与墙壁在墙角处相连，两侧露在外面，并且其中的一面与圆柱相对时，与圆柱相对的那一面就需要像柱子那样收分，而另一面则无需收分，如塞普蒂默斯柱廊。然而在古代，有些建筑的壁柱并没有进行任何收分，例如万神庙的内堂；还有些建筑的壁柱收分远远小于圆柱，如复仇者战神庙和康斯坦丁拱券。古代建筑师这么设计的目的是为了将框缘与柱身表面对齐，使其向壁柱内端收分，例如复仇者战神庙、万神庙内堂以及塞普蒂默斯柱廊。有时候，这种设计的目的是为了将误差减半，使得框缘出挑柱身的误差减半，另一半误差则被嵌入壁柱的表面，例如内尔瓦广场（Forum of Nerva）。

即使与壁柱相配的圆柱上没有凹槽，这种设计仍有可能在壁柱上出现，如万神庙的柱廊。在这个柱廊中，由于圆柱的质地并非白色大理石，属于不适合开槽的彩色大理石，因此柱子上并没有设计凹槽。而在其他一些建筑中，带有凹槽的圆柱却被用来与不开槽的壁柱相配，例如复仇者战神庙和塞普蒂默斯柱廊。如果壁柱的出挑小于壁柱半径，我们一般不需要为壁柱的两侧开槽。在古代建筑中没有同一的槽沟数量。在万神庙的柱廊、塞普蒂默斯拱券和康斯坦丁拱券中，凹槽的数量仅为7。尽管在万神庙内堂，圆柱的凹槽数量为24，但壁柱却只有9条槽沟。虽然大部分壁柱没有统一的槽沟数量，但仍有例外，如那些形成凹角的半壁柱。如果整个凹角壁柱有7条或者9条凹槽，我们就将其一面设定为4条或者3条，而将剩下的5条或4条留给另一面。这样的设定可以避免由于壁柱角为柱头留出狭小空间所造成的不良效果。如果柱头带有叶饰，这样狭小的空间会导致宽度弥合上的混乱。

[153]   就高度而言，壁柱柱头的比例与圆柱的一致，其高度也是相同的。但二者的宽度是不同的（叶饰柱头较宽）[69]，壁柱的周长远远超过圆柱的周长。然而，二者柱头上叶饰的数量却是相同的，都为8片。不过，有些建筑，如尼禄金殿正立面和戴克里先浴场中，柱子的叶饰为12片。一般来说，在壁柱上，下层的叶饰较小，每边只有两片。而在上层，每边的中间有一整片，两侧则各为半片，由处在柱头边角的一片叶饰折叠而成。需要注意的是，铃形饰的顶部并不像其底部那样平直，而是被磨圆，并在柱头的每一面的中部轻微出挑。在安东尼教堂，其出挑柱础直径的1/8；在塞普蒂默斯柱廊，此比例则为1/10；在万神庙柱廊，这个比例又为1/12。

在以下的章节中，我们还会涉及与壁柱相关的内容。

第七章
比例的变体

世界上有很多观念和事物在人们心中已经根深蒂固，对它们的任何怀疑和检验都会招致口诛笔伐。不过，如果我们真正地去接近它们，就会发现它们实际上和我们理念中的形象相去甚远。对于建筑和雕塑比例的更改就是一个典型的例子；人们都认为这种比例的改变，应当与建筑和雕塑的"外表"[70]变化保持一致，这种理念也称为建筑师设计时的依据；他们宣称，艺术作品最为独特之处都是源于为建筑和雕塑比例的更改设定相应法则。[71]然而，有些人认为，对于建筑比例的更改并不一定就能达到人们的期望；很多比例的变更则根本就没有被采用，即使是那些被应用到备受赞扬的建筑中的法则所产生的效果也与原先的期望相悖。他们认为这些观念和法则得到承认主要是因为人们对于建筑的认可；而它们之所以在这么长一段时期都没有受到过质疑则是因为无人对其进行检验。

在本章中，我们所要做的就是检验这些臆断的观念。正如上段中对柱式比例的变更提出的观点一样，此处我再提出一个非权威的观点。由于在本书的序言中我已经提到过，大多数建筑的比例都是随意为之，从而导致这些建筑从外观上看都缺乏自然的美感。因此，我们拥有充分的理由对于这些建筑的比例进行更改或重构，美化建筑的外观。由此我可以得出这样一个观点，一旦理想的比例被建构出来，那么这种比例就不应再随着视觉效果或建筑方位的变化而随意更改。较之第一个观点，我预计这第二个观点会招致更多的非议。对于前者，我只是与某些建筑师在观点上存在分歧；他们认为建筑设计的美感理念并非通过学习或是建筑本身的完美构件而获得，而坚信美感是一种自然法则。但而对普通人来说，由于他们不会拘泥于建筑的传统与法则，不会对于半圆圈饰线脚、圆盘线脚等构件的长短高低评头论足。因此，他们得出的结论和我的一致：如果某个建筑比例能构建出自然美感，那么这种美便无需验证或是实践其也能自然地显露出来。而对于第二个观点，我相信只要听说过关于著名的智慧与工艺之神弥涅瓦（Minerva）的两尊雕像例子的人都不会质疑变更比例的合理性。这两尊塑像被安设在高处。然而，其中的一尊并未达到人们原先所设想的效果，因为作者没有变更雕塑比例。我相信无论是谁，如果对这个例子有所了解，无论是否情愿，都会接受比例变更合理性的观念，并坚信这种观念极是基于理性的，不会被感官局限所扰，可以被用于艺术的评定和矫正。

[154]

位于远处的事物在人们眼中所形成的图像总是小于那些近处的事物，而直视所获得的图像与斜视时所形成的形象又不相同。因此，人们总是试图矫正视觉所产生的差异，甚至认为艺术的目的就是补偿这种缺陷。这也就是为什么人们认为虽然一些柱子在顶部都会有所收分，但是通常粗大柱子的收分应该小于那些细小的柱子；因为柱子的高度会使得其在顶端显得细小，正如走廊末端的出口看上去比较狭小一样。同样，柱顶线盘一般都应该被设计得比较大，因为柱顶线盘的高度会使得人们觉得它们比实际上要小一些。而那些带状饰，如果它们的装设高度一般，则需要被垂直安置；但如果它们被装设到很高的地方，则应当倾斜一些，否则它们看上去就会显得过窄。柱子的底面一般都是平齐的，但如果它们处于视线之下的位置时，就应当被微微抬高，以免显得不够突出。同样，人们认为雕塑家们在创作的时候也应尽力将自己的作品设置得更高大和明显，即使人们在一定距离之外欣赏雕塑，也不会觉得它过于弱小或模糊。同时，他们应该将雕塑置于高处且向前倾斜的壁龛中，这样可以避免雕塑在人们眼中显得向后倾斜。

[155]

我在此以事实为根据来检验这些理念，同时需要指出的是，我认为这些关于比例变更的理念并没有被应用到建筑之中。即使在个别几座建筑中能找到一些实例，那么它们只能被视为一种巧合而不能被看成是依据视觉效果而设；因为这些设置并不见于那些广受赞誉的建筑之中。

首先我们来看看柱式上部的收分：在古代建筑中，柱子无论大小，都会向上进行收分；有些细小柱子的收分甚至小于粗大的柱子。和平神庙、万神庙柱廊、罗马畜牧场和安东尼教堂的大柱柱身都有 40—50 英尺高，但它们的收分却并不高于柱身只有 10 英尺高的巴克斯神庙。然而在福斯蒂娜神庙（Temple of Faustina）、塞普蒂默斯柱廊、戴克里先浴场以及协和神庙中，柱身的高度达到了 30—40 英尺，其收分则高于柱身高度为 15—20 英尺的提图斯拱券、塞普蒂默斯拱券和康斯坦丁拱券。很明显，这些柱子收分的设计并没有考虑到视觉效果。由于大的柱子的收分大而小的柱子的收分小，那么按照视觉法则，这样的比例所产生的效果与设计者的初衷背道而驰。

人们声称拱腹的前端应该抬高，这样才能使得出挑部件显得更醒目，并认为在三种情况下，这种设置尤为必要：柱式距离太远、出挑部件设得不够高，以及由于某种原因出挑部件不够明显。然而，在一些古代的建筑中，则采取了截然相反的做法。首先我们来看距离因素：在万神庙的柱廊中，其距离较远，因此，出挑显得较小，但底面没有抬高。但在内殿中，柱子的间隔很近，并不需要抬高底面，但它们还是被刻意地抬高了。接下来再来看看那些建筑底部的构件，在一些著名的建筑里面，我们可以发现建筑上部的拱腹部被抬高，而底部构件的底面却没有什么变化，例如马塞卢斯剧院，其二层柱式框缘的底部和拱基都抬高了，第一层的却没有作任何修改。在罗马斗兽场，所有的四层柱式的拱腹底部和拱基都作了抬高。蒂沃利的维斯塔神庙以

及巴克斯神庙的框缘和柱式是所有建筑中规格最小的，但它们的拱腹底部也　[156]
没有抬高。这些做法显然不符合上述的观念。最后，那种认为出挑不够而需
要垫加底部的观点在古代建筑中也不成立，因为在那些著名的建筑中，虽然
出挑深远，但其拱腹底部还是作了抬高。例如福耳图那神庙，虽然其出挑十
分明显，但带状饰的底部依然作了抬高。

　　人们一般认为带状饰应当向前倾斜，这样可以避免它们从侧面看上去显
得过于狭窄。根据视觉法则，如果这些带状饰的间距过近而促使人们不得不
通过斜视来观察它们或者基于某种原因而被缩小，那么它们就应该向前倾斜。
但在古代建筑中，并没有出现这样的设计。在万神庙的内堂和柱廊中，柱子
的方位各不相同，但所有的带状饰却都是向后倾斜的。在巴克斯神庙和戴克
里先浴场也是一样，建筑内部的间距很小，但带状饰都没有像人们期望的那
样向后倾斜。尽管很多带状饰都有其相应的规格，但我们仍然发现它们都是
向内倾的，即使是一些本应该被设计得大一些的带状饰也是这样。例如在蒂
沃利的维斯塔神庙，尽管框缘顶部的带状饰十分小，但依然是后倾式的。实
际上，无论带状饰的大小如何、被安设的高度如何，它们几乎都被设置为向
后倾斜，只有复仇者战神庙和内尔瓦广场除外，它们是古代惟一的设置前倾
带状饰的建筑，其原因也不得而知。在建筑整体构件因为带状饰不倾斜而显
得出挑过大时，将带状饰向后倾斜是十分必要的，这样可以为底面提供一个
合适的宽度，以构建拱基、檐口或者框缘。但这并不是古人喜欢设置后倾式
带状饰的原因，因为福耳图那神庙的带状饰虽然向后倾斜，但其底面的出挑
程度则是通常状态的两倍。

　　古人并没有将那些距离观赏者更远的雕塑刻意地加以深凿、加厚或放大。
在图拉真纪念柱，顶端和底端的浅浮雕无论从规格和厚实程度上都是一样的。
纪念柱顶端的图拉真雕像还没有柱子整体高度1/6。也就是说，这座雕像的高
度还没有帕拉第奥放在他设计的柱子上的雕像高度的1/2；而这些柱子也只有
图拉真纪念柱的一半高。这位建筑师和他的同行们一样，热衷于比例变更。
但是，他又和其他人一样，并没有将其应用到建筑中。他将雕塑设置在规格
相应的神庙顶上，从而使雕塑下的建筑比例显得大于雕塑本身。普林尼　[157]
（Pliny）提到，万神庙顶上曾经也安设过很多雕像。尽管这些雕塑精美绝伦，
但它们从整体上并不能被看成是典范之作，因为它们的位置过高，也就是说
由于离人们的视距太远，我们无法清楚地辨认它们。但是，这些雕像，以及
万神庙中的其他雕像，都是著名的雅典人戴奥真尼斯（Diogenes）[72] 所作，也
就是他将其设置在那个位置上的。至于他这样布置是因为没有听说过关于两
个弥涅瓦雕像的失败例子，还是没有像其他人那样在意比例的变更，则不得
而知。如同其他人一样，他对于并没有对比例做任何更改。

　　不过，我们在古代和现代建筑中都可以清楚地看到，建筑师有时也确实
尝试过根据建筑的外观和角度变更比例。但总的来说，这种比例的变更并不

多见，而且效果总是与建筑师的初衷相悖。例如卢浮宫的院落，其阿提克式构件上端的浅浮雕就比下端的要大得多；还有圣热尔维教堂（Saint-Gervais）的正立面，其作者将规格较大的雕塑都安置在了教堂的高处，这些设计都影响了建筑的美感。但是，在基于视觉效果所作出比例变更的例子中，最为显著的应当为万神庙。神殿拱顶饰板的方石以台阶式倾斜，形成一个中空的方锥。这个方锥的顶点并不在拱顶的中心上，而是在神庙的中心，位于其铺砌面 5 英尺之上。这使得轴线无法与方锥的底面垂直，而这种垂直却是维持构件的均衡和对称所必需的。通过这种比例上的修改，此方锥无论是从神殿底部的中心还是从拱顶中心上（从此处看，所有的轴线都被饰板所覆盖）去观察，都不会出现什么差异。然而，如果我们离开神庙的中心，那么方锥在视觉上的缺陷就完全暴露了。我们可以发现它的轴线有些倾斜，而整个构件也并不对称。这些缺陷在台阶式倾斜的饰板中出现，对视觉效果造成很大的破坏，而对于垂直式的饰板来说，由于它们与拱顶相对应，因此不会受到太大影响。垂直式饰板只有一个缺点，即当人们面向墙壁看时，每个饰板底端的托条都不会被遮盖住；而当人们离开神庙中心时，这些托条就会暴露出来。但这种缺陷如同从侧面上看鼻子会盖住一部分脸颊一样，是人们所无法改变的。某些画家在描绘人脸侧面时，由于担心鼻子显得不够明显，因此将正面的鼻子画到侧脸上去；万神庙的设计者所犯的错误与之类似。和其他建筑师一样，安东尼奥·拉巴科（Labacco）[73]在充分肯定了变更比例重要性的同时却从不将其付诸实践。他将万神庙中这种比例的变体加以改进，用到了圣彼得大教堂圆顶的设计中。拱顶饰板上的方锥顶点被还原到了拱顶的中心，因为他认为中心的更改并不能带来什么益处。但是，相对于万神庙来说，圣彼得大教堂更为雄伟，这使得用于掩盖托条的阶石过于厚实。然而，拉巴科似乎对这一缺陷并不在意，认为其不至于影响视觉上的美感，因为他认为用某个构件去遮盖另一个构件是很平常的做法，而人们更习惯于按照建筑的整体规模去适应各部分之间的比例，而不是只盯着建筑的某一部分。

［158］

　　由于视觉具有这种调节判断功能，即使建筑的距离和相应位置放生变化，我们也不会被由此造成的扭曲或是相反的视觉效果所迷惑。因此，在此更改建筑比例是不合时宜的。我们已经看到，在古代建筑中并没有更改比例的实例。为了明晰比例变更全无必要这一点，接下来我们要了解感官的判断包括哪些内容。

　　感官的判断包括各种感觉，我们对感觉及其使用都处于一种无意识之中，似乎是一种习惯或是第二本能。从习惯上来说，相对于其他的判断活动而言，我们并不是自觉地进行感官判断，并把它看成是另外一种东西（espece）。[74]这是因为其他形式的判断活动由于重复性不强，只能是一种反应性的、意识性的过程。出于习惯，我们最为常用的感官是眼睛和耳朵，因此视觉和听觉要比其他的感觉更为精确，即使在相对模糊的环境下也很少产生错觉。因此在对事物的距离、高度以及重量的判断上，听觉和视觉比其他形式的感觉更为敏锐一些。例如，我们很难通过触觉去感知远处大火与近处小火在温度上的差别；味觉也无法区分清酒与掺水浓酒的不同度数；嗅觉也无法辨清臭味的减弱的原因是归于自然还是臭源的清除。但由于视觉和听觉的连续性以及长期重复性，它们自然地为其他的感觉判断提供了便利和辅助。例如，当用交叉的手指头接触木条的一端时，我们首先会以为是在触摸两根木条，因为以前我们从没有过这样的经验。但如果我们继续以这种方式触摸木条，一段时间后就会发现原先的错觉，意识到我们只是在触摸一根木条。同样，如果我们有意地将眼珠对起来，也会将一根木条看成是两根。但是，天生对眼的人不会犯这样的错误，因为在长时间的生活中，他们已经矫正了由于对眼所可能产生的错觉。 [159]

　　动物在刚出生时视力都不好，远处的事物在它们眼中所呈现的图像很小，这种错觉使得它们对这些事物的大小作出错误的判断。但随着经验的丰富，它们会渐渐地矫正初次判断时的错觉。接下来，这种感官判断的适应能力越来越强，在任何场合下也不会被随意迷惑。最后，当我们的视力达到正常时，视力的判断力也达到完美。因此，虽然手指放在眼睛前面可以挡住远方的塔楼，但没有人会认为塔楼比手指小。同样，也没有人会把斜视看到的圆形判断为椭圆，也不会把斜视中的椭圆判断为圆形。感官对于事物的判断需要达到极高的精确度，以致可以直接成立，但前提是它们不能与我们的经验相悖，如：马车夫在50步外测算出前方两辆马车之间的空隙不足以让他穿过（这段空间在他眼中的距离不足2英寸）；猎人测算天空中飞鸟的大小；园丁测算树顶上水果的大小；木匠测算建筑顶上横梁的规格；喷泉设计师目测喷水的高度和厚度等。

　　我的观点是人们认为视觉判断不易出现错误的原因不仅仅是因为经验。理性同样可以帮助我们揭露真相，它是我们进行判断、明辨真理的途径以及确认判断结果准确无误的基础。为了明晰这种途径和基础所指为何，我们先来了解一下画家如何混淆人们的视觉，将远近事物展现在同一平面之上。他们的创作基于视觉判断力在观察和检验上的精确性。在作画时，画家需要掌握好两个因素：对于事物形状与尺寸的调整以及色彩的变化。通过调整事物的形状与尺寸，他们虚拟出图画与欣赏者之间的距离，并依此减小事物的尺寸并相应地设置它们的位置；例如提高地面或是降低顶棚；将远方的场景隐藏到画幕之外。画家们还能通过色彩的变化创造空间距离感，如将明亮的位置调暗；将昏暗的位置调亮。视觉判断包括所有以上的因素，因此这两个方 [160] 面的调设必须同时进行。例如，只有当事物在眼中所反映的图像小而明亮，且带有浓暗的阴影时，我们才会认为它的体积真的很小，且处于我们的近旁。同样，在画面上的道路伸展起来并不是要表示它被抬高，而是通过其不同区域的色彩变化给人们带来道路长远的印象；道路伸展的最高处即最远端，明暗的对比最不明显。

除了对尺寸形状以及色彩的精确检验之外，视觉还会考虑到其他的环境因素和使用其他方法来确认远方物体的距离和尺寸。这些方式包括参照已知事物来考虑未知事物，这样通过已知事物的规格，我们就可以知道未知事物的距离；通过已知事物的距离我们则能判断出未知事物的尺寸。如果我们已经知道所要观察物体的大小，如人、羊、马等，那么他们在我们的眼中越小，那么他们离我们的距离也就越远。同样，如果远方的塔楼在我们眼中所反映的图像很大，那么这个塔楼则绝对雄伟。我们需要知道的是，这些判断都是以物体的形状、尺寸和色彩为基础，辅之以对于已知物体的参照所作出的。由于颜色的变换能够使我们判断出距离，距离可以让我们判断出尺寸，尺寸的调整能够帮助我们判断距离，那么我们的思维通过不断将所视物体进行检验、联系和对比，最终可以无误地判断出远处事物的尺寸、距离、形状、色彩以及其他相关信息。

但最能证明视觉判断准确无误，不会被人为因素所干扰或欺骗的事实是：即使是最出色完美的艺术，也无法让观赏者完全信以为真；除了一些不能飞行的鸟外，还没有什么动物会被画家们的透视法所蒙骗。无论他们如何缩减物体的尺寸、描绘斜视角度、依据自然在不同距离所产生的色彩来淡化明暗对比，但是他们的设置是不可能达到自然中的那种精度的。而眼睛要比画家的手精确得多，即使面对最为精致的画面，也能十分容易地辨别其中的缺陷。视觉的精确性是我们不会被画面蒙骗的唯一原因，由于这种精确性，我们甚至能够发现一些画家们失误之外，由画面本身所产生的缺陷。例如，如果画面上出现远方的山，那么它的着色就应当偏弱一些，但我们的眼睛很容易就能发现这些被稀释了的亮色和暗色与画面近处物体的色彩有着同样的密度；

[161]

这是因为展现在我们面前不平整的画布或画墙的明暗度是远方物体所没有的。同样，口技表演者所模仿的远处声音也无法蒙骗我们，因为耳朵能够分辨出混在弱音之中的各种低音，也能听出近处声音之中的强音。即使是画布或画墙离我们很远，无法看出它们是否平整时，我们精确而又忠实的眼睛还是不会让我们受到错觉的欺骗。

由于视觉所作出的判断是如此可靠，而它带给我们的信息又是如此精确，因此我们不会被距离所误导。这也就是为什么对建筑比例的变更毫无必要，甚至会起到破坏美感的作用。[75] 例如，人们已经知道檐部的比例应当如何，而当他们看到建筑师为大柱子设计的檐部比小柱子檐部的比例要大时，无论这个檐部高度如何，人们看它的感觉都会像是看见一个头大得出奇的人站在高窗上那样不顺眼。因此，如果我们按照柱式相关的承载构件和能力设计出合适的中楣比例，那么对这个比例扩大，就会使柱子显得过于矮小，从而影响整体美感。同样，如果我们将壁龛中的雕像或托座上的半身像刻意地向前微倾，也不会像预期的那样可以防止雕像看上去向后倾斜，反而会产生向前倾倒的感觉。

因此，如果我们为了避免放置在高处的雕像显得模糊不清而故意将其粗犷和放大，那么在观赏者的眼睛中，它们反而会显得粗糙夸张。这是因为当眼睛会根据物体的距离来确定其清晰程度，一旦它发现了物体上出现本不该属于此距离的清晰图像后，就会判断其失真。同样，如果我们在绘画作品中发现远处的事物和近处的事物同样清晰，就不会认为这是优秀的作品。只有无知的人才会试图看清图画远景中人物的细眉与朱唇。同时，我们还应该意识到，除了对雕塑艺术一无所知的人外，一般人都能理解为何无论雕塑被安设在何种高度，其外形都有所夸张，如眼睛微陷、卷发镂空或者肌肉更为强壮。

对于那些知道如何构建完美艺术的人来说，至少在将作品各个部分进行 [162] 对比时，他们就能知道其比例是否遭到更改了，因为人们不可能将作品的每一个部分都强化出挑。例如，安设在远处的塑像，其头部投往颈部的阴影远不及其眼睛周围的阴影明显，因为雕塑的眼睛一般会深陷一些，以达到人们所需的强调效果。

但是视觉判断力不足以确认远处物体的精确尺寸，而马车夫如果不进行测量也无法确定马车通过的宽度。那么在涉及比例方面的信息时，我们需要明白这样一点，精确并不是防止眼睛产生错觉的唯一因素；我们不必知晓远处物体的精确尺寸，只需要知道其与相同距离物体之间的比例就可以了。马车夫之所以能判断前方两辆马车间的空处不足以穿过，是因为他将这段空间与两边马车的尺寸进行了对比。同样，当我们观察檐部时，即使不知道它的确切尺寸，也可以判断出它是否过大；这是因为我们可以将其与建筑的其他构件进行比较。距离也不能称为我们进行比较和参照的障碍，因为虽然距离缩小檐部，它同时也缩小了与之相关的其他建筑构件和部分。因此，不管建筑或雕塑与我们的距离有多远，我们都能注意到它们的作者是否对其中某个部分进行了放大处理。

即使我们眼睛的判断力无法消除距离和位置给建筑和雕塑带来的错觉，变更比例的做法依然不合理，因为只有在眼睛位置保持不变的时候，这种处理方法才能产生积极的视觉效果。有些雕像在接受了比例变更处理后，人们只能从一个特定的角度上获得良好的视觉效果，如果偏离这个角度，那么作品就变形了。在建筑中也是如此，为了使人们在一个特定的位置上获得良好的视觉效果，而对比例进行更改，就如同雕像一样，一旦观看者变换了其位置，那么就会感到这个作品有所欠缺。因为对于这个视觉位置而言，当观看者由近处向其他方向走去时，这座建筑就会显得是倾斜的。因此，如果我们只是为了避免建筑的檐部滴水板或带状饰从侧面上显得太小而将其增大或倾斜，那么一旦我们换一个观察角度，它们就会显得过大、失衡。

简而言之，我认为如果人们能够对此多加考虑，他们就会发现，为了防 [163] 止建筑外观上出现缺陷或扭曲而随意更改比例并非智者所为。建筑由于距离和排列位置所产生的所谓缺陷或不良效果实际上是它们最为自然和真实的形象，如果被随意更改，它们在人们眼中就只能呈现出变形的图像。对于这个主题而言，我们所能说的是，跟比例的变更相比，距离带来的比例扭曲的程度更轻，并且比起那些只是看起来扭曲而其实并不扭曲的建筑来，一旦事实上外观比例已作扭曲则更危险。

关于比例变更的观念是基于维特鲁威著述中相关的描述和应用规则所形成的，几乎所有的建筑师都对其推崇之至。那么，这个观念的前景将会怎样呢？我们是否能够确信自从近 2000 年来这个观念形成之后，就没有任何人有时间对其进行一下验证？在那么多智慧的头脑中就没有一颗能就这么重要的问题进行辩证，求得真理么？我认为，这是因为那些极具建筑师天赋的人都认为在这种无关紧要的小事上过于斟酌完全是在浪费时间。因此，这个谬误的理念就这样被那些完全能够纠正它的人忽略了。既然维特鲁威以及在其著述中解决了这个问题，而现实中又存在着一些比例变更的实例，那么似乎再对此进行辩证已经毫无意义。然而，在对这些所谓的比例变更实例进行分析后，我们就会发现这些建筑之所以变更比例，并非是出于视觉上的考虑。真理仍旧是真理：出于方向位置而变更建筑比例是不合宜的。

出于对自己艺术成就的夸耀，建筑师都将他们无法解释之处归于神秘。人们对于古代建筑推崇之至，而这些古代建筑又基本上以希腊和罗马的遗迹为代表。建筑师利用了这一点，试图建立这样一种不可动摇的信念：这些遗迹都是典范之作，其中没有一个部分是不经斟酌而随意为之的。如果有人声称在这些广受赞誉的遗迹中发现某些建筑构件的比例有所不同，建筑师则会解释说这种被变更的比例是依据构件的位置和外观而作，不同的安设位置自然需要不同的建构比例。

在本章前面的部分中，我们列举过一些著名的古代建筑，其间可以发现，这种比例上的变更在各部分的位置、外观和距离都一致时也有出现；而有的时候，虽然建筑中各个构件在位置、外国或距离上发生变化，但它们的比例却保持一致。因此，建筑师的这种说法显然不成立。接下来要论证一下在建筑中那些并非出于建筑构件位置、外观和距离等视觉因素的变化而作出的比例变更。

[164]　我认为可以变更比例的第一种情况是，当我们不想让檐口、框缘或者基座出挑太多的时候。在这种情况下，我们可以将带状饰向后倾斜，减小其向外出挑的宽度。很明显，这样做和视觉效果没有任何关系，因为出挑都有各自的宽度，比例的变更不是要改变它们的样式。需要注意的是，这种后倾的做法只能在凹形的表面才能采用，例如穹隆顶或天窗的室内部分，拱券周围的饰带，以及侧壁上和框架上。总的来说，它只能用在那些无法看到装饰线条侧面的角度上，因为从侧面看，带状饰则会展示了完全不同的样子。最为典型的例子应当为万神庙内部入口处和中央礼拜室拱券上饰带的后倾式构件。这种做法并不见于神殿顶楼的框缘，因为它的装饰线条是由不同颜色的大理

石区分开来，相互并不出挑。因此，我们有理由相信此顶楼是另一位建筑师所设计的。

第二种情况是，我们需要将巨大的雕像或构件安设在高处，而这个构件或雕像比支撑它的构件还要大。很明显，如果我们在此变更建筑的比例，显然也不是为了视觉上的和谐，因为雕塑本身就已经十分巨大。在这种情况下需要注意的是，雕像必须被安设在与之规格相当的构件之上。因此，我们不可能把它安置在第二层或第三层柱式上，因为这两层柱式相对于第一层来说都过于单薄，除非拥有合适的比例，而且比那些第一级柱式要小。因此，我们必须保证巨型雕像的柱础由几根柱式支撑，或者至少由一根规格与之相当的柱式承载起来。圣安东尼凯旋门[76]，采用的就是这种做法，国王的巨大雕像凌驾于拱门之上，凯旋门正对面的立柱只有其高度的一半。这样，凯旋门成为国王雕像的基座，而这座雕像又比立柱上的雕像要大得多，因为凯旋门与国王雕像之间的比例与立柱与立柱上雕像的比例一致。

因此，如果同一类型的雕像被分别安设到相应的层面上和柱式上时，高处的雕像也不能比低处的雕像高大。我们反而应该采取相反的做法：如同柱式随着高度而依次缩减一样，雕像的尺寸应该随着高度而递减。

第三种情况则是在两根壁柱之间形成凹角时。由于它们的宽度都略高于　　[165]
柱础的半径，如果这些半壁柱不拓展，那么柱头和凹槽将不可避免地出现缺陷，这一点我们在前面一章已经提到过。因此，在此所作的比例更改也并非为追求外观而为。将某些构件加宽的目的是为了避免其他的构件宽度不够。当我们在凹角处使用科林斯柱式柱头就会出现这种情况，我们为第二层叶饰中两半片叶饰设置的宽度大于半片叶饰的宽度。如果我们只留出半片叶饰的宽度且不准备将其加宽，那么叶饰的叠角从整体上就显得太尖锐，中间的涡卷也会显得过于拥挤。

第四种情况是当混合柱式被设置在爱奥尼柱式和科林斯柱式之间时。这是斯卡莫齐惯用的做法，我也十分认可这种设计，因为混合柱式柱头与爱奥尼柱式的十分相近，而它与科林斯式相比，其粗犷的柱顶线盘同魁伟的柱式更为类似。在这种情况下，如果我们想在科林斯式基座上安设混合柱式柱身和柱顶线盘，那么改变柱身的比例，将其缩短两个小模数是十分必要的。同样，如果我要把科林斯式的柱身和柱顶线盘放在混合柱式基座上，则要将柱身提高两个小模数。除了以上这些之外，还有很多其他需要调设比例的情况，但我不认为在这些情况下的比例的更改是为了追求外观上的完美。例如雕塑家可能为了摆设作品而作出一些比例调节，以免作品表现出与其初衷相反的姿态。例如吉拉尔东先生（Girardon）[①] 在索园（Sceaux）[77]上的设计，他将弥

---

① 弗朗索瓦·吉拉尔东（1628—1715 年）：François Girardon，路易十四时期的法国雕刻家，曾参与装饰凡尔赛宫的雕刻，创作《路易十四骑马像》。——译者注

涅瓦的雕像安设在三角山花墙的顶上。尽管雕像坐得很高，但吉拉尔东将她的手臂比例进行调设，这样膝盖就不会遮挡她身体的其他部位，而这些部位似乎也被调设得夸张了一些。不过，这些比例上的变化并不是为了改变雕塑原有的形状。

最后，我想说的是，在比例应当有所变化的情况下坚持原有比例也属于非正常现象。例如，维尼奥拉、帕拉第奥和斯卡莫齐这三个著名的建筑师在其著作中都为爱奥尼式、科林斯式和混合柱式的柱顶线盘的高度与柱子的长度设定了统一的比例。维尼奥拉将柱顶线盘设定为柱子高度的1/4；帕拉第奥和斯卡莫齐都将这个比例设定为1/5。我认为，对于敦实的矮柱来说，1/4的大檐部比较合适。相对于混合柱式，爱奥尼柱式就属于这一类。而对于纤细的高柱，例如相对于爱奥尼式来说的混合柱式，1/5的小柱顶线盘则比较适宜一些。因此，我设定了一个柱顶线盘高度比例的变化范围，但这种比例的变化是依据柱式而定，而与位置和视点没有任何关系。

[166]   在本书上篇的第四章里我已经详细地叙述了与柱顶线盘相关的知识。但我们忘了提到我给予不同柱式不同柱顶线盘比例的原因。在那一章中，我提到过我为所有柱式设立了统一的柱顶线盘。但就是由于这种高度比例的统一，各个柱式中柱顶线盘与柱子的比例则因此各不相同。当柱子的高度渐进递增时，柱顶线盘的高度仍然是相同的，并遵循矮小柱子的柱顶线盘与柱身之比要大于高大一些的柱子。因此，随着柱式之间精巧性的递增，柱顶线盘也以其整体高度1/3的比例缩小。塔斯干柱式的柱子为其柱顶线盘的3⅔，多立克式的柱子为其柱顶线盘的4倍，爱奥尼式的为4⅓，科林斯式的比例为4⅔，混合柱式的为5倍。

第八章

现代建筑设计中的其他变体

在口语表达中有很多与语法相悖的方式，其中一些在长久的重复使用中已经约定俗成，甚至不允许随意更改。而另一些有违语法的表达方式则并没有被人们认可，随时可能遭到语言专家们的批判和摒弃。和语言一样，建筑中的变体也被分为两种情况。有些建筑变体显然与古人的建筑规则相悖，但是它们已经成为广为赞誉的传统，被奉为不可违背的建筑准则。在序言中我们已经提到过这种权威化的变体：柱子的扩大，以及在三角山花墙上安置檐口托饰，以保证它们与水平而不是与门楣中心的斜坡垂直。除此之外，还有一些传统化、权威化的做法：在建筑的四边以及三角山花墙下的檐口处增设檐口托饰，或者是将它们安设到第一级柱式而非最上层的柱式之上。按照古人的观念，檐口托饰只应该被安设到支撑着椽木和支柱的墙边上，因为这些构件都是以它作为终端的；檐口托饰不能被安设在三角山花墙下的檐口上，而应当直接被装在三角山花墙上，因为它在此处可以承接檩条。很明显，将檐口托饰安置到没有椽木、支柱和檩条的位置上，与古代建筑的传统是完全不一致的。最后，将三陇板安设到柱子之上用作横梁的做法也可以被看作是一种被权威化的建筑方式。

[167]

另一些对于建筑变体的做法虽然没有被广为接受，但也没有被权威们完全禁止。虽然我们不会对它们加以批判，但为了保证建筑的完美，在设计时应当尽量避免采用这些做法。帕拉第奥在其著述中专门单列一章对其进行讨论，认为属于这种情况的做法只有四种[78]：使用涡卷饰进行支撑；将三角山花墙从中部分开；扩大檐口的出挑；为柱子增设凸出的部分，如带状饰等。关于这些方面，我认为，还可以增加很多其他的做法，其中有一些甚至是在帕拉第奥之后才出现的。在前一章中，我提到过一些变体中对于建筑比例的更改，在此我则会介绍其他对于柱式设计进行更改的方式，其中大部分对于建筑所产生的负面影响都比帕拉第奥所指出的四种要小。以下我们将提到对于建筑在比例之外的其他一些变更（其中有些是变体）。

第一种更改与柱子或是壁柱的重叠或贯穿有关。建筑师更倾向于将这种做法应用到壁柱的设计中。现在我们以卢浮宫的院落为例，在如图形 A 这样的凹角处，建筑师设置两根柱子 B 和 C，而不是只设置单柱 D。其实，而单柱 D 完全可以替代柱 B 和柱 C，甚至会显得更自然一些。我们可以看到，当柱 E 在支撑着构成凸角的两个框缘时，柱 D 在支撑着构建凹角的另两个框缘。如

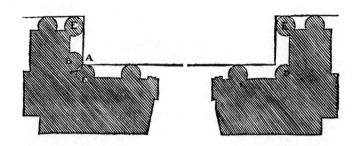

果单柱可以支撑住凸角，那么用它去支撑凹角应该是不成问题的。

在为维琴察的瓦莱瑞·基耶里凯蒂伯爵（Valerio Chiericato）建造府邸时，帕拉第奥也使用过贯穿型的柱子，他称之为双柱。

[168]   现在我们再来看一下更为常见的变体——壁柱重叠或贯通。例如，壁柱G使得墙面外挑，影响了柱顶线盘和方形基座的顺利过渡。当这种现象发生时，现代建筑师则会将其与半壁柱H连接起来。两根壁柱相互贯穿。由于半壁柱H被用来支撑由壁柱I上延展出来的檐部，而除开这些相互贯穿的构件之外，壁柱K和L完全可以满足支撑的需要，因此半壁柱H的设置并不到位，没有任何作用。理由如下，在安置有壁柱G、H和I的建筑中，如果出挑仅为壁柱直径的1/5或1/6，且墙面之间的过渡系不高于出挑时，那么G、H和I则应当为图中全浮雕M、N和O的减缩和浅浮雕版本。如果是在像L和K这种没有半壁柱的情况下，它们则是P、Q和R的浅浮雕版本。很明显，插图中M、N和O中所展示的做法是错误的，壁柱N与壁柱M不在一条直线上，完全错位，用壁柱Q来取代它在全浮雕中的位置更好一些。不过，我们不能因为部分的瑕疵就对整个建筑完全否定，除非这些瑕疵的产生与相应部分和构件并无关联，例如在设置饰件时，因为安设了半个柱头，于是人们机械地增设了半个柱础。因此我们可以这样总结，无论是半壁柱与整个壁柱相连接，还是两个半壁柱在凹角处相接，这些对于半壁柱的应用都是古代设计的变体。这种改动所造成的结果是，只有壁柱的边角Q能够被安设到凹角处，例如卢浮宫正立面的大柱廊。尽管我们在万神庙这样的著名建筑中的凹角处也可以找到一些半壁柱式设计，但它们通常都是由两根柱子贯穿而成。因此，这种设计和我们一般认定的做法是不同的，不过，当有理由充分的时候，也可以

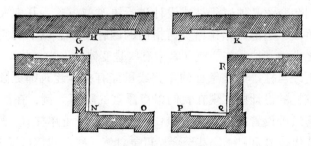

忽略。

　　第二种变体是将柱子扩大，我们在本书上篇的第八章已经提到过，这种做法并不十分合理，在古代建筑中也没有先例。

　　第三种变体是将柱子成对设置，由于古代建筑里面没有相应的先例，所以有些人完全不认同这种做法。但是，这种设计确实增加了建筑的美感和便利，对于不墨守成规的人来说，完全可以将其看作是一种革新。[79] 就外观上看，这种设计完全符合古人的审美观；他们十分欣赏紧密的柱式排列，但鉴于由此设计所造成空间上的不便，他们并未将其应用到实践之中。出于空间上的考虑，古人们将中部柱式间的距离拉开，赫谟根尼（Hermogenes）还为一些神庙做出了伪双廊设计，以拓宽柱廊两侧的过道，使之看起来像是双柱廊布局，即柱廊的侧边为双层，双排的柱式与神庙的外墙共同构成了两条走廊。而这位古代建筑的天才设计师将双柱廊布局中排的柱式移走，设置了一条宽度与原先的两条小走廊相当的过道。现代建筑师按照赫谟根尼的做法创造出一种新的柱式设置方式，即将柱子成对排列起来，这样柱廊简洁，柱式更优雅。通过将柱式成对排列，我们可以像古代建筑（门窗的宽度大于柱距）那样将柱距拉开，这样柱廊上的门窗就不会显得模糊了。在一般的排列中，8 英尺高的柱子，其直径一般为 3—4 英尺。当如果柱子成对设立，同样高度的柱子直径仅设定为 2—2.5 英尺就可以了。这样，即使柱距拉开，整个柱廊也不会像单个柱子那样显得脆弱和笨拙。

　　这种柱式的排列可以被称为第六种列柱方式。在此之前古人已经发明了五种排设方法。第一种被称为 1.5 柱径间式，因为柱间距非常小，只有柱子直径的 1.5 倍。第二种被称为二柱径间式，因为柱间距为柱子直径的 2 倍。第三种被称为 2.25 柱径间式，柱间平均距离为柱子直径的 2.25 倍。第四种被称为三柱径间式，柱间距稍大，为柱子直径的 3 倍。第五种为四柱径间式，柱间距非常大，为柱子直径的 4 倍。这里的第六种列柱方式可以被分成为两极，即 1.5 柱径式和 4 柱径式。前者柱式排列特别紧凑，而后者的排列则较开。我们可以这样认为，这种排列方法之所以被归为是建筑设计的变体，是因为古人没有采用过它。如同我在本章开头提到的那样，它可以被看成是一种约定俗成的建筑规则。

　　第四种变体是将多立克柱式的陇间壁扩大，以保证足够的柱间距。例如，如果我们需要将两根柱子成对排列，那么就必须拉宽三陇板和陇间距，因为无论两根柱式靠得有多近，相邻三陇板中心之间的距离总要比这两根柱子柱心之间的距离短一些。古人对于是否拉开陇间壁犹豫不决，维特鲁威提到，皮提欧斯（Pythius）和阿克修斯（Arcesius）[①][80] 这两位杰出的古代建筑师，都因此而认为多立克柱式不适用于神庙建筑。赫谟根尼虽然在其他的设计中不

[169]

[170]

---

　　① 阿克修斯，又拼作 Arkêsios。——译者注

拘泥于传统，但在多立克柱式上也不敢随意改动。有一次，当他凑齐了足够的石料，准备修建一座巴克斯神庙时，他最终还是放弃了使用多立克柱式的念头，采用了爱奥尼柱式。[81]现代的建筑师则更为大胆，在前面我们提到过帕拉第奥为瓦莱瑞伯爵设计的官邸，他就将中间柱列的陇间距扩开，使其宽度大于其他的两对三柱径间式柱列。他这样设计的唯一原因是，如果中间柱列的柱距过大，就必须调整原有的三对三柱径间式排列的柱式。根据维特鲁威对于多立克式柱廊的规定，即使其他位置的柱列只有一对，中间柱列也应当为三对三柱径间式排列的柱式。帕拉第奥的这种设计是符合这个规定的。圣热尔韦教堂的正立面是最近一百年来最为杰出的作品之一，它的建造者为了将柱式列队，也将第一级多立克柱式的陇间壁拉开。在皇家宫殿小门的多立克柱式建筑中，也存在一些对柱式的自由设计，例如像帕拉第奥为瓦莱瑞伯爵官邸所设计的那样在凹角内设置半陇间壁。

　　第五种变体是在现代爱奥尼式柱头中，去掉柱顶盘下部构件。这个构件有时被称为表皮，是古代爱奥尼式柱头涡卷的承接之处，同时还是混合柱式柱头柱顶盘下部的组成构件。我认为，如果这个构件出现在现代爱奥尼柱式中，也能具备这种功能。当这个构件被去掉之后，柱顶盘就只剩下上层的 S 形双曲线卷，单薄得如同瓦片。由于这块薄片和它下面的四个涡卷，只在曲线表面上的四个点交接，所以看上去十分单薄，产生了与设计初衷相反的效果。现代爱奥尼柱式的柱头的设计都以协和神庙和福耳图那神庙为模板，而这两座建筑中的柱顶盘确实只是由单个的 S 形双曲线卷所构成的。由于线卷显得过于单薄，设计者们并没有将其直接安设在涡卷之上。这些涡卷也并非[171]是承载于铃形柱顶饰之上，而是和古代爱奥尼式一样，径直通过钟形饰。这样，虽然柱头显得薄弱，但由于其整个平面之下有统一的支撑，因此外观并没有遭到破坏。笔者个人认为，在这方面最好的处理办法是保持柱顶盘的稳固性。例如古代的混合柱式柱头，其涡卷由铃形柱顶饰承接，并径直穿过柱顶盘的下部。帕拉第奥设计柱头时就是采用的这种方法，他认为这与协和神庙的设计是一致的。[82]由于涡卷伸入铃形柱顶饰，因此他就将柱头稳固住。提图斯拱券中混合柱式的涡卷也是探入了钟形饰，其柱顶盘设计与帕拉第奥的相同。让人难以理解的是，既然现代爱奥尼式柱头的其他特征都源于古代混合柱式，那为什么非要在柱顶盘上有所保留呢？因此，所谓对于柱顶盘设计的变体，实际上就是没有移植混合柱式柱顶盘的下部构件。

　　第六种变体则是将某些大型柱式抬高数层，而不是像古代建筑那样每一层对应一种柱式。这种做法看上去是在模仿一种叫"cava aedium"[83]的古代院落，即科林斯式院落的构件。在这种院落中，建筑的柱顶线盘是由那些由下自上穿越好几层的柱式所支撑的。这些科林斯式院落与那些带有大型柱式的院落之间最大的不同在于，科林斯式院落的柱子都与墙体之间留出一段距离，支撑着出挑的柱顶线盘；这些柱顶线盘实际上起着防雨遮阳的作用，而我们的大型柱式则嵌在墙身之上，最常见的是成了壁柱而不是整柱。所以，这种变体的问题在于如何运用大型柱式，因为它并不是对所有的建筑都适用。尽管宏伟的大型柱式为许多建筑增添了几分庄严感，如神庙、歌剧院、柱廊、绕柱内院、接待大厅、前厅，礼拜堂以及其他能够配得上的建筑，或对于高度有着特殊需求的建筑等等，我们或许可以这么说，把数层楼的建筑用那种单一的大型柱式统一起来的做法，只会适得其反，手法拙劣而毫不足取。这好比人人都想住在宽敞、自在、半旧不新的宫殿里面，却发现高敞的套房不太方便，或者想节省空间，重床叠架地建了许多夹层阁楼。

如果要将这种实践应用到一些大型宫殿里面，建筑师就必须给出合适的理由。他们很可能解释说这样做是为了均衡：因为在建筑的一些实体部分运用大型柱式是必要的，惟此也方能保证大型柱式的连续性，并主导建筑的其余部分。这已经应用在了一些建筑中，但主要还是在卢浮宫。卢浮宫需要一种大型柱式来突显它的宏伟，因为它位于一条大河的岸边，给了它巨大而辽阔的种种事宜。[84] 所选的柱子有两层楼高，被安设在底层，而宫殿的壁垒则成为其基座。由于宫殿正面的入口处有两座大型的门廊，所以立柱的高度也随之被提升起来。由于这些门廊的样式与所有大型建筑一楼的入口的设置相同，因此门廊的柱子需要相应的尺寸和额外的高度。另外，这个高度必须保证立柱的连续性及对其他柱子的支配。由此，这使得建筑师找了依据，或者我们可以说是借口，去实践这种即无用又不合理的设计：放弃为建筑的每一层（严格地说，可以算是独立的建筑）设置相应的柱式，而是将同一柱式用于支撑两层建筑；支柱的顶部和腰间都要各支撑一层。如维特鲁威所提到的，如果因为整个建筑并不高大且显得过宽，就强行将其提升起来，那么这种做法还不如剧院因为其规模而调整梯级、座位和栏杆的高度更为合理。

第七种变体涉及建筑高度与宽度之比。有人认为随着建筑宽度的增加，其高度也应随之升高。这种想法是将建筑的高宽比例设为建筑设计法则的错误思想而产生的。但是，维特鲁威还提出过一条更为重要的规则，建筑的规格应该依据其用途而定。如果我们需要大的院落，自然就会设计出宽敞的建筑，但如果应此而将整个建筑增高，则毫无合理性可言，这样做会使得建筑既不便利也不美观，因为如果建筑过高就会明显不实用，毫无美感可言。所以，宽敞的建筑只有在具备相应的潜质或需要时才适合提升高度，如神庙、剧院和其他相关建筑。尽管高大的外观使建筑看起来更为宏伟和美观，但居住建筑一般不太高大，如果建筑师想将高大构件应用于普通居住建筑，那么就必须找到合适的方式和理由。[85] 为了达到这种效果，就必须增高建筑的门厅或是礼拜堂，使之凌驾于其他房间之上，让建筑的这些部分显得肃穆雄伟。埃斯科里亚尔建筑群（Escorial）就是这样，宽敞但高度有限，因为它们作为居住建筑，在比例上没有高度的要求。在建筑群中心，高耸着一座优雅的礼拜堂，如同肩膀之上的头颅。尽管建筑群由一个修道院和一座宫殿组成，但

[172]

[173]　　它仍是宫殿建筑的典范之一。在大型宫殿建筑中独立地设置这样高耸精致的礼拜堂并无失宜之处，因为在古代城堡之中，这种格局十分普遍，都是将礼拜堂独立出来，而不是按照现在流行的做法将其修建在室内或者是厅内。[86]

　　第八种变体在本书第二部分的第二章已经提到过，与多立克柱式有关。一些建筑师没有遵循古代的传统，采用了完全相反的方式，他们试图将柱础的基底石与方形基座上沿外缘的线脚相连接，形成凹形嵌线。这样的做法实际上是将作为柱础方形基座部分的基底石完全清掉，使之看上去更像是基座上沿线脚而不是柱身的根部。

　　第九种变体与第一种有所关联，涉及两根柱子或壁柱之间的排列。在空间有限，无法设置完整的檐部时，有些建筑师将框缘、中楣和檐口合并起来，形成所谓的框缘式檐口。这种变体实际上是设计了一个不适用于柱式的构件，其实我们可以采用其他方式更好地来解决空间问题，例如降低柱子或壁柱的空间，或者弃用柱式构件。即使空间确实有限，必须对檐部作如此修改，那么如果柱顶线盘的出挑部分需要支撑，我们也可以使用柱子之外的其他替代品，如女像柱、头像方柱或者大型的托座。对于柱式构件来说，柱子之上的柱顶线盘的三个基本组成部分必须完整无缺。

　　第十种变体主要是将柱式的柱顶线盘分开，即将三角山花墙的檐口提升到一根柱子的、壁柱的或是支墩的顶上，然后又将其放落到相邻支柱的顶上。这样两根柱子之间的柱顶线盘就会断开，由此三角山花墙下也就不存在框缘、中楣或是檐口等构件。因此，按照维特鲁威和其他建筑大师们的观点，这种建筑变体是十分怪异的。他们都强调石头建筑在三角山花墙和柱顶线盘的设计上应当与木制建筑的相应构造一致，认为三角山花墙的构造就像支撑屋顶的三角形桁架一样，由三个部分组成：两根斜支柱，由三角山花墙下两个相互支靠的檐口构成，以及一根横撑，由横穿其下的檐部构成。对于木制建筑的三角形桁架来说，这三个部分缺一不可。同样，如果三角山花墙的这三个部分有任何缺失，也会影响到整个构件。因此，帕拉第奥对于为了避免斜支柱上端相互倾靠而将三角山花墙顶部除去的做法加以批判是完全合理的，因为这样的设置使其丧失了主要功能。同样，将横撑除去的做法也不妥当，因为这个构件加固了斜支柱的下端，防止它们分岔。

[174]　　此外，还有一些影响不大的变体。如改变柱子上拱基的形状，使得它们在圆柱上显得比在壁柱上出挑更大，例如罗马的圣彼得大教堂。或者是将建筑每层顶上的檐口作为阳台的栏杆或是上层的窗台。或者是将窗台的带状饰延展，像饰带一样环绕整个建筑。或是将框缘的四角向后切开，使之看起来像是堡垒上的过梁线脚（orillions），斯卡莫齐就有很多这样的设计，看上去并不舒服。另外还有一些其他形式的变体，例如将饰板安置在门窗檐口的两侧或者下部，使之无法为其提供支撑。在这种情况下应采用的合适处理方式为将檐部滴水板的装饰线条出挑来，使之与饰板对齐，因为有人会认为这种

修改与对涡旋饰设计的变更同样糟糕，而后者已经受到了帕拉第奥的批判。由于饰板主要起到支撑作用，如果它在设计没有被用来支撑其他构件，那么就像是那些本不被用作支撑物的涡旋饰在设计中被当成支点一样，会对整个建筑效果造成不良影响。

从帕拉第奥为福耳图那神庙和尼姆方形神殿绘制的构件图中，我们可以发现其中的饰板都被直接用来支撑檐部滴水板。但现在，它们被赋予了一种在古代建筑中并不存在的优雅样式。在古代，根据维特鲁威为饰板设定的比例（与福耳图那神庙的比例相同），这个构件与现今的设计大相径庭，显得狭窄平整：它们出挑的涡卷并未带有像古代混合柱式柱头那样的螺旋式旋绕饰。杰出的建筑师绅士莫西埃（Monsieur Mercier）在修建索邦（Sorbonne）教堂[87]的院落时，就将这种古式的饰板设置在美丽的柱廊之中，但效果不佳。这证实了我们在本章开始所宣称的：对于建筑模式的某些改变，如果坚持将其认为是一种变体，那么唯一的原因是它们与古人的规则不一致。但是，这些变体带来的效果是良性的，我们应当大胆地将之付诸实践。

我认为，在科林斯式檐口处，将圆花饰置于檐部滴水板底面的檐口托饰 [175] 之间的做法也可以证明这一点。在古代建筑中，花形饰的设置并不统一，但我认为这种做法无可厚非，稍后将以戴克里先浴场为例。如果要理解这一点，我们应当将雕塑和绘画中用于装饰和用于记载事实的作品区分开来。前者可以以一种方式不断重复，而后者则必须多变。举个例子，如果我们绘制一个花坛，我们可以为其设计出各种花朵及其插花方式，因为花朵本来就是插在花坛上的。但是如果我们要用花饰或是叶饰去修饰建筑，那么除了需要保证花饰和叶饰的形状一致外，还需要统一它们的规格，因为这种不断地重复在装饰中是保持对称的因素之一，而对称又是判断建筑和雕塑美感的重要准则。很明显，花形饰和那些与带状饰、S形双曲线卷或正波纹线相连的饰品不同，因为它们之间是相互独立的；出于对称性的考虑，它们在规格上保持一致。因此，与其改变圆花饰的规格，还不如对檐口托饰进行修改。而且，即使圆花饰的大小一致，但如果它们的形状不一，则同样影响整体效果。设想一下，如果我们看到一系列柱式的檐口托饰上的装饰各式各样，有的是橄榄叶饰；有的是莨苕叶饰；有的甚至不是叶饰，而是其他古建筑上所常用的老鹰或者海豚雕塑，我想我们是不会认同这种设计的。

尽管在本章中我们提到了近来有人将瓷瓦应用到了柱式中，但并没有将之详述，因为本文的内容主要是关于柱式的比例和样式。但是，这并不意味着，我们就应该忽视这种形式的变体。对我而言，虽然这种变体只是偶有发生，但还是很有必要在此提及一下。虽然这种处理方式与传统方法则相悖，但基于它的优势，我希望人们最终能够认可它。

最后，我重申在序言中的观点，即虽然我在本书提出了很多非权威的观念，但这并不意味着我会顽固地将之奉为真理。一旦有足够的事实证明我的判断有失宜之处，我会放弃相应的一些错误观点。另外，我以一些标准将某些设计称之为变体，但这并不是说我在用这些标准去与那些建筑大家们所确立的权威对抗。我相信，像任何公正高尚的有识之士一样，我对于权威的尊重并不妨碍我对建筑领域中所存在的问题和不足进行评判。

注　释

1　佩罗对特性（caractère）和比例作了根本区分，前者针对柱式中看不见的那些东西，后者则针对看得见的那些东西。有时候，特性（Character）涉及柱式的总体特征（characteristic），但也涉及它们的装饰细部。在书中，为了精确，我们统一将 caractère 译作 Character。

2　参见安东尼·德戈丹（Antoine Desgodets），《罗马的古代建筑》（*Les edifices antiques de Rome*，巴黎：Jean Baptiste Coignard，1682 年），第 147 页。这个遗址通常称作尼禄竞技场立面（Facade of Nero），佩罗称之为"尼禄竞技场正面"（*frontispiece de Neron*），坐落在古罗马奎里纳尔山（Quirinal），据帕拉第奥考证为丘比特神庙（Temple of Jupiter）。参见帕拉第奥，《建筑四书》（*The Four Books of Architecture*），艾萨克·韦尔（Isaac Ware）翻译，伦敦：R Ware，1786 年，第 92 页。

3　莱昂·巴蒂斯塔·阿尔伯蒂（Leon Battista Alberti，1404—1472 年），温琴佐·斯卡莫齐（Vincenzo Scamozzi，1552—1616 年），塞巴斯蒂亚诺·塞利奥（Sebastiano Serlio，1475—1554 年），贾科莫·德·维尼奥拉（Giacomo de Vignola，1507—1573 年），安德烈亚·帕拉第奥（Andrea Palladio，1508—1580 年），均是意大利文艺复兴建筑师；费利伯特·德洛姆（Philibert Delorme，1515—1570 年），法国文艺复兴建筑师。

4　为了表达这一话题的复杂性，这里的法语"Connoissance"译作"智力型的知识"（intellectual knowledge）。

5　佩罗审慎地指出对称（symétrie）一词的法语意义，特指左右对称，而不是维特鲁威的对称（symmetria，《建筑十书》第一书，第 2 章），佩罗将维特鲁威的"symmetria"译作"比例"（la proportio）。这个译法和其他关于维特鲁威的译法，都是出自佩罗 1684 年的法语译本。参见维特鲁威，《维特鲁威的建筑十书，法文译本带修订，附注释和插图》（*Les dix livres d'architecture de Vitruve，corrigez et tradvits nouvellement en françois. Ave des notes e des figures*），巴黎：Jean Baptiste Coignard，1673 年；第二版，增补版，1684 年。

6　佩罗十分清楚复制般的模仿。对后代人而言，与那种不可见的、先验秩序的"体认"（比如在前古典时期的希腊）相比，表现性一词承担了更多的"相似"意义；"体认"的意思在当代解释学里面已经进行了重新诠释。例如，参见伽达默尔（Hans Georg Gadamer），《美的相关性》（*The Relevance of the Beautiful*），Nicholas Walker 翻译，Robert Bernasconi 编辑，剑桥和纽约：剑桥大学，1986 年。

7　"那些最早发明这些比例关系的人"（*Qui les premiers ont inventé ces proportions*）：在英语里面"first inventor"（最早发明）的搭配是冗余的，但是这里要表示的"inventer"（发明者）是在过去的那种用法——既创新又发现。在佩罗的时代，还有其他的比例"发明者"，佩罗也属于其中的一员，他们不约而同竞相而至。参见下文注释 64。

8　坚固（Solidité）与实用（commodité）：佩罗的术语，此处指维特鲁威的"firmitas et commodita"（《建筑十书》第一书，第 3 章）。比例，暗示着"美观"（venustas）。另，参见维特鲁威，1684 年（详见注释 5），《建筑十书》第一书，第 3 章，注释 3。

9　这一切都涉及一个传奇般的美女海伦，她是宙斯（Zeus）和勒达（Leda）的女儿，斯巴达的妻子，他在巴黎受到引诱导致了特洛伊之战；赫克托（Hector）的妻子安德洛玛刻（Andromache），是集母亲与妻子于一身的绝妙佳人，在特洛伊沦陷之后，成了尼奥普托列墨斯（Neoptolemus）的奴婢；塔克文尼乌斯·科拉提努斯（Tarquinius Collatinus）的妻子卢克丽霞（Lucretia），在遭受塞克斯特［Sextus，国王骄傲者塔尔昆（Tarquin）之子］的强奸之后自杀，直接导致塔尔昆被逐出罗马；罗马皇帝安东尼（Antoninus Plus）的女儿小福斯蒂娜（Faustina Minor），是马可·奥里利乌斯（Marcus Aurelius）皇帝的皇后。

10　胡安·巴蒂斯塔·维拉潘多（活跃于 16 世纪晚期，1608 年去世）是地道的西班牙科尔多瓦城人，也是耶稣会士。他也是一位颇有建树的以西结（Ezekiel）注释者，其中对于科尔多瓦城和所罗门神庙的描绘，深受人们的爱戴。

11　佩罗使用的"知识"一词极有可能意味着它的现代含义。尽管"学识"将在 17 世纪被理解成知识，但是佩罗想让学识在"进步"的自然科学视野下作重新审视。

　　12　文艺（Littérature）一词，在古代是指总体层面的人类知识或文化的整体。它只是后来才特指 18 世纪的书面写作。

　　13　现代科学来临之前，并且因为古代学说毋庸置疑的权威性，学者们认为通过考述古代文本（譬如亚里士多德的《物理学》）来探知经验主义的真理是有可能的。佩罗反对上述观点，并且在这里暗示，学术上的探索应该是科学地实证亚里士多德哪些说的是事实（la verité de la chose，dont il s'agit dans ce texte），而不是试图去揭示亚里士多德说的有多么正确。

　　14　在这个意义上，布莱斯·帕斯卡（Blaise Pascal，1623—1662 年）使用了难以理解的格言"Incompréhensible que Dieu soit，et incompréhensible qu' il ne soit pas"（上帝的存在难以琢磨，上帝的不存在也难以琢磨）。在帕斯卡那里，如同在佩罗那里一样，incompréhensible 解读成"难以琢磨"（unfathomable）。

　　15　沃尔夫冈·赫尔曼（Wolfgang Herrmann）这样解释，在 17 世纪，悖谬"意指不同寻常的和异端的观点，对那种仅仅是因为古典人物所设立的普遍认同的高级价值持怀疑态度。"参见沃尔夫冈·赫尔曼，《克洛德·佩罗的理论》（The Theory of Claude Perrault，伦敦：A. Zwemmer，1973 年），第 37 页。海德格尔（Martin Heidegger）解释希腊单词"doxa"（意见）的含义，通过暗示，为何远古世界里面的正统（orthodoxy），即普遍接受的东西，在尘世出现裂缝之际，是必须要得到保护的确实存在（the very existence of the world）。参见《形而上学导论》（An Introduction to Metaphysics，纽黑文：耶鲁大学出版社，1959 年），第 104 – 105 页。（参见海德格尔著，《形而上学导论》，熊伟，王庆节 译，北京：商务印书馆，1996 年，第 107 页——译者注）

　　16　希腊建筑师赫谟根尼（Hermogenes，约公元前 200 年）声称多立克柱式不太适合宗教建筑，他为多立克柱式发明了一种理想的比例体系，维特鲁威在此基础上发明了伪双排柱式的平面；卡利曼裘斯（Callimachus，大约活跃于公元前 450 年），希腊建筑师和雕塑家，发明了科林斯柱式；菲洛（Philo，大约活跃于公元前 300 年），雅典建筑师，为于艾琉西斯城（Eleusis）建造了十二棵多立克柱的柱廊；切斯夫隆（Chersiphron，大约活跃于公元前 560 年），古希腊克里特岛（Crete）的建筑师，创建古希腊以弗所城的雄伟的月神与狩猎女神阿耳特弥斯神庙（Artemis at Ephesus）；梅塔杰那斯（Metagenes，大约活跃于公元前 500 年），Chersiphron 之子，完成了阿耳特弥斯神庙的建造。

　　17　原文在这里写成"不可能的"（impossible），而勘误表里改作了"令人费解"（difficile）。这也许透露出佩罗重新思考了他所列举的稍带夸张的所陈述。

　　18　忒修斯（Theseus）是古代希腊阿提卡地区（Attica）的传奇英雄，雅典国王埃勾斯（Aegeus）之子；伯里克利（Pericles，约公元前 495—前 429 年），伟大的雅典政治家，桑瑟卜斯（Xanthippus）和阿佳丽斯特（Agariste）之子，是雅典卫城山门（Propylaea）、帕提农神庙（Pantheon）、露天剧场（Odeon）等一系列公共建筑的负责人。

　　19　安东尼·德戈丹（Antoine Desgodets，1653—1728 年）是一位法国建筑师、教授和作者。参见德戈丹（详见注释 2）。

　　20　维特鲁威，《维特鲁威，论建筑》（On Architecture），弗兰克·格兰吉尔（Frank Granger）译，2 卷，（伦敦：W. Heinemann；纽约：G. P. Putnam，1931—1934 年），第一书，第二章："Ordinatio est modica membrorum operis commoditas separatim universeque proportionis ad symmetriam comparatio"（柱式调节作品各部分和整体的均衡，着眼于比例安排的对称结果）。佩罗用"规制"一词（ordonnance）对译他自己的维特鲁威译本中的"ordinatio"，并且十分详尽地为这个译法加上了注解。参见维特鲁威译本，1684 年（参见注释 5），第 9 – 10 页。

　　21　在法语的哲学术语里面，当涉及柏拉图哲学意味的知识时，才使用"réminiscence"一词，指回溯对出生之前所处的那个表象世界的认知。"Appréhension"指怎样把握思考 - 客体的心理操作（mental operation），与"compréhension"相对，后者是把握复杂思想的能力。佩罗的观点是回溯相关的思想比起不相关的事实要容易。

　　22　参见本书序言的第 57、59 和 60 页（指原版页码——译者注），佩罗认为建筑真正的原创性正在消失，古代建筑遗迹呈现的是这些正在消失的原创性的不完美复制。

　　23　佩罗的小模数是在关于柱式的著述之中完全没有的。这是纯粹出于对系统化和效率的兴趣所激发的创新，指出这一点很重要。

　　24　"À prendre du nu du bas de la colonne"："nu"是指一种东西没有装饰的或裸露的表面，也没有凹凸起伏。

这里柱子的"nu"是柱子在其柱础部位的外表面，而不是柱槽的内表面。

25　让·布兰（Jean Bullant, 1520？—1578 年）是凯瑟琳·德·梅第奇（Catherine de Médicis, 16 世纪法国皇帝亨利二世的妻子——译者注）的御用法国建筑师。

26　"*Partager le differendpar la moitié*"：在本质上，这一点是佩罗采用的规则，用来计算下表中的柱子构件的平均尺寸。值得注意的是，当时的法国法律正在经历一场声势浩大的系统化改革过程，佩罗采用一个合法的公式作为基础，对柱式进行改革。

27　这一点事关佩罗的信念，那就是古代建筑的真正原创成分正在流失（参见本书序言的第 57、59 和 60 页指原版页码——译者注）。参见第 62 页三种建筑之间的差别：分别是维特鲁威给出的、真正古人建造的，以及现代建造的。

28　参见维特鲁威第三书，第 4 章；第三书，第 3 章；图版 xviii，1684 年（参见注释 5）。

29　维特鲁威用的词是"scamilli impares"。

30　这里（佩罗原著——译者注）写作"6"，但是正如沃尔夫冈·赫尔曼所指出的，这显然是一个印刷错误，应该是"10"。参见沃尔夫冈·赫尔曼著作（详见注释 15）——附录 VI，题为"佩罗在平均值计算中的错误"（Perrault's Mistakes in Calculating the Mean, 第 209 – 212 页），详尽剖析了佩罗的《古代方法之后的五种柱式规制》一书上篇中的许多错误。读者也要留意书中其他一些前后矛盾的地方，比如，事实上在很多情形下，表中所列的数值和那些在正文里面给出的数值并不一一对应。

31　这句话的法语表达和英语表达一样，意思不太清晰。如果考察一下这个表格，人们会发现，佩罗在前面一句上半段谈的是柱础线脚，下半段却在计算基座的出檐尺寸，那是他在正文里从来没提到过的。

32　佩罗这里指的是柱子的起鼓形状。

33　佩罗将"惯例"作为自然法则的一种代替的正面价值在这句话中表露无遗。而 18 世纪通常把"惯例"视作一系列个人主观意见，它阻碍了对艺术中自然美的具体表达的理解。佩罗的观点与此针锋相对。

34　佩罗的参考论文：布隆代尔，《建筑四个主要问题的解答》（*Résolution des quatre principaux problèmes d'architecture*, Paris：Imprimerie Royale, 1673 年）。尼克美狄斯是公元前 200 年早期的一位希腊数学家，他发现了蚌线（conchoidal curves），依靠它，他解决了角的三等分问题和使立方体翻倍的问题。参见 N. G. L. Hammond 和 H. H. Scullard 编著的《牛津古典词典》（*Oxford Classical Dictionary*），第 2 版（伦敦：Clarendon Press, 1970 年）。另外，参见维特鲁威著作，1684 年（详见注释 5），第 84 页，注释 B。

35　解释一下这里的"出挑"，佩罗没有对柱身的柱础外边缘的出挑尺寸做平均值计算，而是计算从柱子的中心线到柱础最外边的水平距离。

36　跟随后的讨论密切相关，在法语里面，一栋建筑的外表既包括它的外观，也包括观察它的角度或视角。此处，以及本书下篇的第 7 章（参见本书第 153 – 166 页——指原版页码。——译者注）中，佩罗对于把外表作为比例变更的一种正当理由加以排斥，切断了我们所理解的由外表一词带来的"如何"与"什么"之间的紧密联系，"外表"（aspect）一词同时指代这两者。在拉丁语法的早期发展阶段中，未能区分名词和形容词的单独词性，使得感觉及其宾语之间的相同共生关系得以肯定下来，与此同时，我们称之为"外表"的这个词，其"模糊性"被肯定了下来。

37　朱塞佩·维奥拉·扎尼尼（Guiseppe Viola Zanini）是《建筑》（*Della architettura*, Padua：Francesco Bolzetta, 1629 年）一书的作者。

38　达尼埃莱·巴尔巴罗（Daniele Barbaro, 1513—1570 年），威尼斯的一位学者、艺术赞助者，出版了一部重要的由帕拉第奥作插图的维特鲁威译注版本。

39　彼得罗·卡塔尼奥（Pietro Cataneo），是巴尔札萨雷·佩鲁齐（Baldassare Peruzzi, 1481—1536 年）的弟子，著有《有关建筑的主要四书》（*I quattro primi libi di architettura*, 威尼斯：Aldo, 1554 年）。

40　吉劳姆·费兰德（Guillaume Philandrier, 1505—1563 年），法国建筑师和理论家，亦作"Philander"。他为维特鲁威著作所作的注释，出现在 16 世纪的好几种维特鲁威著作出版物里面，看起来似乎是他们自己作的那样（罗马，1544 年；巴黎，1545 年，1549 年；威尼斯，1557 年）。

41　佩罗的原文里面，"K"落在了"C"和"D"之间。

42　和别的章节一样，在这种地方的行文上，用文字来描述计算方法显得颇为麻烦，但如果读者参考一下图版中的图像，其实是很清楚的。此处的案例参见图版 III。

43　这里用的文字是中心，但佩罗在下一页中用的却是"sommet"（法语：顶点、端点——译者注）；其实，如果沿着一个三角形的圆弧或沿着一个正方形所得到的圆弧来得更浅，这个词应该是"sommet"。

44　罗兰·弗雷亚特·德·尚布雷（Roland Fréart de Chambray，1606—1676 年），著有：《艺术原理下的绘画完美表现理念》［（*Idée de la perfection de la peinture démonstrée par les principes de l'art*，法国勒芒（Mans）：J. Ysambert，1662 年）］，《古今建筑比较》（*Parallèle de l'architecture antique avec la moderne*，巴黎：Edme Martin，1650 年）。

45　"Cuisses"：参见维特鲁威著作，第四书，第三章；"femur"，是 femora 即 femina（雌性）的复数形式。

46　"*L'espace qui a estd laissd pour la Corniche，qui est égal à celuy de la Frise estant de neuf parties，la premiere est pour le Chapiteau du Triglyphe；les trois parties d'audessus，sont pour le Larmier & le Talon，qui couronne le mutule：les trois dernieres sont pour la grande Simaise & pour le Talon qui couronne le Larmier.*" 佩罗认为檐口有 9 部分，然而在他接下来的叙述中却只有 7 个部分。多立克柱式插图在图版 III，包括插图中的其余部分，都明确地交代出，这句话的中间那一句应该读作"其上的五部分（而不是三部分）包括凹弧线脚、檐底托版，以及它上面的 S 形双曲线卷，还有檐口滴水版"，就是在佩罗的列举中增加了凹弧线脚和檐底托版。在约翰·詹姆斯（John James）翻译的《古代方法之后的五种柱式规制》1708 年译本里面，他肯定同样已经注意到了这个错误，他在提到这个句子的时候这样表示："The space left for the Cornice which is equal to that of the Frieze，being nine parts，the first is for the Capital of the Triglyph，the five parts next above，are for the Hollow，Mutule，Ogee and Corona，the last three are for... etc."。参见克洛德·佩罗，《论建筑五柱式》（*A treatise of the Five Orders of Columns in Architecture*），约翰·詹姆斯译（伦敦：J. Sturt，1708 年）。

47　皮罗·利戈里奥（Pirro Ligorio，1513—1583 年）以蒂沃利城的伊斯特别墅（Villa d'Este at Tivoli）的建筑师而为人所知；他著有《论罗马的古代》（*Libro delle antichità di Roma*，威尼斯：M. Tramezino，1553 年）。

48　这个句子的从句并没有出现在文字本身里面，但却插入在正误表中。这看起来似乎更像是，他所赋予的这些权威著作的观点，佩罗把这些点点滴滴的问题，视作建筑真正的原创性正在消失的迹象，本书序言的第 57、59 和 60 页（指原版页码——译者注）已经经论及这一点。

49　佩罗的原文里面漏了字母"J"。

50　在佩罗的说明中任何有关曲线画法的讨论，有一点是清楚的，那就是这个词不会是"*allonge*"（延长），而是"*accourcit*"（缩短），因为要让正波纹线变曲，只有缩短它这么一种可能，而非延长，三角形的边线端点是曲率的中心。佩罗译著的第一个译者约翰·詹姆斯，在他的译本里面用缩短一词取而代之。

51　"*Ainsi qu'elles estoient aux tuteles à Bordeaux*"：1669 年 9 月，佩罗曾到过波尔多，他在那里见过圆形剧场，以及一座高卢罗马人神庙的守护神柱子，那座神庙在让位于防御工事之后，很快颓败。佩罗 1669 年所作的守护神柱子速写，出现在赫尔曼（Herrmann）著作的第 22 幅图版（参见注释 7——英文原版误作 15，已经修订，下同——译者注）。

显然，波尔多的古罗马遗迹只是古代作品，那是佩罗的第一手资料。他从来没到过罗马，他也承认，自己关于"古代建筑的不同比例"的知识来自德戈丹（参见注释 1）。另，参见本书的第 63 页（原版页码——译者注）。

守护神柱子必定给佩罗留下了不可磨灭的印象，因为他在自己翻译的维特鲁威译本［参阅维特鲁威，1684 年（参见注释 5），第 219 页］中，作了一幅守护神柱子雕版画，还加上了一条 1000 多字的脚注来解释。

52　该句的从句插入在正误表中。

53　"*A plomb*"：这个术语不太准确，应该在意义的层面来理解，因为拱腹底面并不是垂直的，而是水平的。

54　"*Afin que les saillies & hs hauteurs des membres paroissent autres qu'elles ne sont*"：是说这种改动纠正了那些扭曲变形，而且使那些构件看起来像它们应该的那样。当然，佩罗对视觉矫正持怀疑态度。详见本书下篇第 7 章。

55　参见上文注释 51。

56　在说明中，没有字母"T"和"J"。

57　"Denticuhs"：肯定是"modillion"（檐口托饰）的印刷错误，它出现在科林斯檐口里面，不像齿状装饰，但是在维特鲁威的爱奥尼柱式中是找不到的，但在另一方面，他的著作中的确是有齿状装饰的。参阅维特鲁威著作，1684 年（参见注释5），第66页，图版 XI。

58　　"*Me reduisant à mon ordonaire à la mediocrité.*"

59　　事实上，最初的法文版就是这样啰嗦。

60　　这里的康斯坦丁拱券复制品肯定是一个错误，因为它与前一句矛盾，前面一句是正确的，正如事实上德戈丹所强调的，拱券的柱子和檐口托饰之间是由一根中心线穿过的。参见德戈丹（详见注释2），第239页。

61　　弗朗索瓦·芒萨尔（François Mansart，1598—1666 年），法国建筑师。芒萨尔的早期作品圣母玛丽亚（Sainte-Marie）教堂作为一座圣母往见教堂（léglise de la Visitation）而广为人知。

62　　关于朱庇特神庙覆盖檐口托饰的叶饰伸到卷涡的内部边缘（"*elle laisse la Volute entiere*"）的说法，以及同样的叶饰甚至延伸到了涡卷中心（"*elle s'avance jusqu'au milieu de la Volute*"）的说法，例如朱庇特神庙，明显是前后矛盾的。后者似乎的确如此。参见帕拉第奥著作（详见注释2），第4书，图版 L。

63　　这一点也许是佩罗在设计卢浮宫柱廊双柱的时候所考虑的事宜之一。

64　　"*Inventé*"：无论是法语单词还是拉丁词根（invenio），都意味着创造，它在通常使用的英语里面倾向于术语"invent"的单一意义。佩罗在上下文的语境中使用"Inventé"一词具有特别的两层意思。据说，在科林斯湾的一块自由少女雕塑上，卡利马库斯在叶形的装饰板上发现了一个篮子，于是"为科林斯人建造了那种构图的一批柱子"。参阅维特鲁威著作，1684 年（参见注释5），第4书，第一章。卡利马库斯发明的科林斯柱式留下了两样唇齿相依的东西，其一是被动的（发现），另一样是主动的（建造）。

65　　图版 VI 的例子解释了叙述中不清楚的地方。柱子柱础的直径分成六等份。加上一个相同尺寸的额外部分，用于获得柱头高度，于是柱头是 7/6 个主子直径："叶子是 4/6"。

66　　佩罗的原著出现的是这个字母。

67　　参阅维特鲁威著作，1684 年（参见注释5），图版 XXVIII。

68　　佩罗自己在这里没有解释清楚，但是这是这一段的意义所在。万神庙中部两侧的壁柱朝向顶部的地方没有收分，按照通常真正的情形，它们不应该那样，因为它们"只有一面离开墙体"。然而门廊的柱子，包括外面与壁柱站成一排的柱子，却带有收分。其结果并且也是目的——为了在带有收分柱子和没有收分的壁柱之外，保持一种类似统一的出挑，檐部在壁柱的上缘稍稍停顿了一下。所以，与这一例子一样，为了保持出挑的统一以及檐部线形的连续性，壁柱实际上应该收分。

69　　为了和正误表一致，括弧里的短语加了在正文中。

70　　关于"外表"（aspect），参见前文注释36。

71　　佩罗与布隆代尔之间的争论主要集中在这个基本问题。这一章揭示了佩罗反对比例的传统视觉"校正"的"自相矛盾"之处（详见注释15）。

72　　这里提到的戴奥真尼斯是一位雅典雕塑家（公元前1世纪）。参阅老普林尼（Pliny the Elder），《自然历史》（*Natural History*），XXXVI 13："万神庙是由雅典的戴奥真尼斯，为阿格里帕（Agrippa，罗马士兵和政治家。——译者注）所修建的，支撑这座神庙的是女像柱，它们自己几乎都在一个层次上，山花上的人物并不因为他们的崇高地位而为人知晓，但确实是有名有姓的。"

73　　安东尼奥·拉巴科（Antonio Labacco，约1495—1559 年），是小安东尼·达·桑迦洛（Antonio da Sangallo the Younger）的门生，曾经参与罗马圣彼得教堂的后期设计。著有《建筑之书》（*Libro Appartenente all'Architettura*，罗马：Antonio Labacco，1552 年）。

74　　除了它的普通意义之外，"espèce"（种类）还有一层法律上的界定，这层意思首先在 1670 年使用："*Situation de fair de droit soumise à une juridiction, point spécial de litige; v. affaire, cause, cas.*"参阅保罗·罗伯特（Paul Robert），《按字母排序的法语辞典与分析》（*Dictionnaire l'alphabetique & analogique de la langue français*，巴黎：Dictionnaires Le Robert，1990 年）。此处"espèce"想要表达的意思是讨论语境下的判断之意。"Espèce"作为一种法律观点，服从于公正的检验，意味着在《规制》标题之下"五种柱式"（cinq spèce de colonnes）的另外一层意义。参见注释26。人们或许会想起克洛德·佩罗的父亲皮埃尔·佩罗（Pierre Perrault）律师，还有他的弟弟夏尔·佩罗（Charles Perrault）律师，以及他的哥哥让·佩罗（Jean）。

75　　此处，佩罗的笛卡儿信仰，使得眼睛能够明辨"是非"（"ideas"，定量的尺寸关系，现代科学的客观性视觉），而和他在前言里面所青睐的对比例关系作"微调"自相矛盾。后人已经注意到了这个根本性的矛盾。

76　这里涉及1668年佩罗自己做的一个设计，那是为圣安东尼郊区的一座未完工的凯旋门和路易十四的大雕像所做的。佩罗的宿敌弗朗索瓦·布隆代尔，把它看作是佩罗奉行的实践的一个败笔。详见赫尔曼（Herrmann）著作的第17、86、87幅图版（参见注释7）。佩罗在本文中为此分辩，雕像紊乱的尺寸与视觉矫正毫不相干。

77　弗朗索瓦·吉拉尔东（François Girardon，1628—1715年）是路易十四时期的一名雕刻家。

78　参见帕拉第奥著作（详见注释2），第一书，第20章。

79　在这一节里，佩罗为自己所设计的引起争议的卢浮宫东立面双柱作出辩护，实际上，那是他在建筑实践中最有名的贡献。布隆代尔出于对古代权威的尊敬，从传统理论的视角批评这种做法开了"现代之滥觞"（modern license）。佩罗在这里和别的地方讨论的"变体"是理性的，独立地发出与那些"广泛接受和功成名就"的古代权威作品不同的声音。

80　皮提欧斯（Pythius，活跃于公元前300年左右），是古希腊普里埃内地区（Priene）的一名建筑师，设计了位于普里埃内的雅典纳波丽亚斯神庙（Temple of Athena Polias），以及位于哈利卡纳索斯的摩索拉斯王陵［Mausoleum at Halicarnassus，小亚细亚西南部哈利卡纳索斯，（今土耳其）西南地区——译者注］，均采用爱奥尼柱式；参阅维特鲁威著作，1684年（参见注释5），第4书，第3章。对于阿克修斯（Arcesius），人们所知不多，只是在维特鲁威著作的同一段落提到过，也出现在维特鲁威著作第7书的前言中，维特鲁威在第7书里，把他作为一本有关科林斯柱式比例的书的作者，列在希腊资料素材中。

81　参阅维特鲁威著作，1684年（参见注释5），第4书，第3章。

82　此处稍微有些混乱。8条线更早一些，佩罗说，协和神庙和福耳图那神庙上的涡卷，并不从柱头的钟形柱顶饰枝蔓出来，"而是直接越过它，如同古代的爱奥尼柱式。"正文这个地方，他说在协和神庙（？——原文如此。译者注）上，涡卷探入了钟形柱顶饰。帕拉第奥绘制的福耳图那神庙爱奥尼柱式显示，形如表皮的涡卷确实是直接越过了钟形柱顶饰，而没有探入它。参见帕拉第奥著作（详见注释2），第一书，图版XXVIII。

83　参阅维特鲁威著作，1684年（参见注释5），第6书，第3章，图版LII。

84　佩罗声称塞纳河右岸上的卢浮宫东立面的"巨大而辽阔的等等事宜"（vast and distant aspect），以此证明自己使用这种柱式尺寸的正当性，这将会和他在第7章中所反复强调的东西形成刺眼的矛盾，他在那里强调"人们不必根据不同的事宜去改换建筑比例。"虽然佩罗对于在建筑中运用"合理的"（科学的）标准方面倾注了大量心血，这种传统观点，充斥着模棱两可的"种种事宜"，仍然是十分肤浅的。

85　必须指出，这个话题对于佩罗而言很重要，这不是多少带些"功能主义"，而是"适当性"的合理化，是一种在未来的18世纪法国建筑理论变得日益重要的趋势。

86　凡尔赛皇家礼拜堂（Chapelle Royale at Versailles）建于1689年，大体上是沿着这些思路进行的，那是佩罗谢世10年之后的事了。沃尔夫冈·赫尔曼推测，1678年佩罗所做的所罗门神庙重建设计，也许有几分影响了皇家礼拜堂的设计。参见沃尔夫冈·赫尔曼，"佩罗不为人知的耶路撒冷神庙设计"（Unknown Designs for Temple of Jerusalem by Claude Perrault），载于：*Essays in the History of Architecture Presented to Rudolf Wittkower*，Douglas Frazer，Howard Hibbard 和 Milton J. Lewine 编辑（伦敦：Phaidon Press，1967年），第143－158页，以及图版XVII. 3 与XVII. 12。当然，礼拜堂与凡尔赛宫之间的关系，是佩罗也许会满意的东西之一，而且实际上，它们不禁让人想起佩罗所钟情的埃斯科里亚尔建筑群（Escorial）的宫殿与教堂之间的关系。

87　绅士莫西埃（Monsieur Mercier）指的是雅克·勒莫西埃（Jacques Lemercier，1585—1654年），是此处提到的索邦教堂（Sorbonne）的建筑师。他也是卢浮宫钟楼（Pavilion de l'Horloge）和巴黎其他一些重要作品的建筑师，其中包括始于芒萨尔（François Mansart）而竣工于绅士莫西埃之手的恩泽谷教堂（Val-de-Grâce）。

参考文献

建筑图书

1673   *Les dix livres d'architecture de Vitruve, corrigez et tradvits nouvellement en françois, avec des notes & des figures.* Paris: Jean Baptiste Coignard, 1673; 2nd ed., revised and enlarged, 1684.

1674   *Abrégé des dix livres d'architecture de Vitruve.* Paris: Jean Baptiste Coignard, 1674.

1681   *Architecture générale de Vitruve réduite en abrégé par M. Perrault de l'Academie des Sciences a Paris. Dernière édition enrichie de figures en cuivre.* Amsterdam: Huguetan, 1681.

1683   *Ordonnance des cinq espèces de colonnes selon la méthode des anciens.* Paris: Jean Baptiste Coignard, 1683; 1733.

手稿资源

Design for a portal for the church of Sainte-Geneviève in Paris. "Nouvelle église de S. Geneviève." MS. Res. W 376. Bibliothèque Sainte-Geneviève, Paris, 1697.

Reports in the Archives Nationales:

O^1 1580. "Travaux de l'arc de triomphe du faubourg Saint-Antoine."

O^1 1669–1670. "Mémoires sur le Louvre."

O^1 1691. "Observatoire."

O^1 1854. "Eaux de Versailles." Contains the "Observations faites sur quelques eaux de Versailles, envoyées par Monsieur Perrault," 14 October 1671.

O^1 1930. "Académie d'Architecture."

O^1 2124. "Jardin du Roi."

F^{21} 3567. "Plans et projets pour le Louvre."

N III Seine no. 642. "Plan de l'arc de triomphe du faubourg Saint-Antoine."

O^1 1666–1668, O^1 1678. "Plans et projets pour le Louvre."

Surveys in the Département des Estampes in the Bibliothèque Nationale:

Va 217–217e. "Topographie de la France." Paris 1er. Surveys and projects concerning the Louvre.

Va 304. "Topographie de la France." Paris XIVe. Drawings concerning the Observatoire.

Va 419 j, 440 a. "Topographie de la France." Surveys and projects concerning the Louvre.

Design of an obelisk by Claude Perrault, 1666. "Papiers de Nicolas et Claude Perrault." F 24713. Bibliothèque Nationale, Paris.

Various drawings of the Tessin-Harleman and Cronstedt collections attributed to Claude Perrault. Nationalmuseum of Stockholm:

Monopterous temple for plate xxxv of the Vitruvius translation. T.-H. no. 889.

Project for a triumphal arch, 1668–1689. T.-H. no. 1195.

Stairs for the Louvre. T.-H. no. 2203, 2204.

Facade for a church. T.-H. no. 6594.

Project for an obelisk. Variant of the project at the Bibliothèque Nationale, 1666. C. no. 2824.

Plan for the Observatoire, 1667. Inv. D 6411. Cabinet des Estampes du Musée Carnavalet, Paris.

建筑著作翻译

1692　*An Abridgment of the Architecture of Vitruvius. . . . First Done in French by Monsr. Perrault . . . and Now Englished, with Additions.* London: A. Swall and T. Child, 1692.

1703　*The Theory and Practice of Architecture; or, Vitruvius and Vignola Abridg'd. The First, by the Famous Mr Perrault . . . and Carefully Done into English.* London: R. Wellington, 1703. Subsequent editions of this were published, the last in 1729.

1708　*A Treatise of the Five Orders of Columns in Architecture . . . Written in French by Claude Perrault . . . Made English by John James of Greenwich.* London: J. Sturt, 1708; 2nd ed., London: J. Senex et al., 1722.

1747 *L'architettura generale di Vitruvio ridotta in compendio dal Sig. Perrault.* Venice: Giambatista Albrizzi, 1747.

1757 *Des grossen . . . Vitruvii architettura, in das Kurze verfasst, durch Herrn Perrault . . . in das Teutsche übersetzt von H. Müller.* Würzburg and Prague: n.p., 1757.

1761 *Compendio de los diez libros de arquitectura de Vitruvio escrito en francès por Claudio Perrault . . . Traducido al castellano por don Joseph Castañeda.* Madrid: Ramirez, 1761.

科教作品图书

1667 *Extrait d'vne lettre écrite à Monsieur de la Chambre . . . sur un grand poisson dissequé dans la bibliothèque du Roy. . . . Observations qvi ont été faites sur vn lion dissequé.* Paris: Frederic Léonard, 1667.

1669 *Description anatomiqve d'vn caméléon, d'vn castor, d'vn dromadaire, d'vn ovrs et d'vne gazelle.* Paris: Frederic Léonard, 1669.

1671 *Mémoires pour servir à l'histoire naturelle des animaux.* Paris: Impr. Royale, 1671; 2nd ed., enlarged, Paris, 1676; 3rd ed. with additional plates appeared as vol. 3 of *Mémoires de l'Académie Royale des Sciences depuis 1666 jusqu'à 1699.* Paris: La Compagnie des Librairies, 1733.

1680 *Essais de physique; ou, Recueil de plusieurs traitez touchant les choses naturelles.* Paris: Jean Baptiste Coignard, 1680 (vols. 1–3); 1688 (vol. 4).

1682 *Lettres écrites sur le sujet d'une nouvelle découverte touchant la veue faite par M. Mariotte.* Paris: Jean Cusson, 1682.

1688 *Memoirs for a Natural History of Animals . . . Englished by Alexander Pitfeild.* London: J. Streater, 1688; 1702.

1700 *Recueil de plusieurs machines de nouvelle invention.* Paris: Jean Baptiste Coignard, 1700.

1721 With Nicolas Perrault. *Oeuvres diverses de physique et de mécanique.* 2 vols. Leiden: P. van der Aa, 1721; Amsterdam: J. F. Bernard, 1727.

1735 *Machines et inventions approuvées par l'Académie Royale des Sciences depuis son établissement jusquà présent.* Paris, n.p., 1735.

Scientific Publications for the *Journal des Sçavans:*

1668 "Extrait d'une lettre de M. P. à M*** sur le sujet des vers qui se trouvent dans le foye de quelques animaux," 1668.

1675 "Extrait des régistres de l'Académie Royale des Sciences contenant les observations que M. Perrault a faites sur des fruits dont la forme et la production avoient quelque chose de fort extraordinaire," 1675.

1676 "Extrait . . . contenant quelques observations que M. Perrault a faites touchant deux choses remarquables qui ont esté trouvées dans les oeufs," 1676.

1680 "Découverte d'un nouveau conduit de la bile, sa description et sa figure par M. Perrault," 1680.

手稿资源

Papers included in the *Procès-Verbaux de l'Académie des Sciences*, 1: 22–30, 30–38, 308–27; 4: 93–98; 5: 213–22; 6: 141–49, 183–88; 8: 15–37; 10: 145–46; 11: 35–37, 169–73.

"Dossier Claude Perrault." Archives of the Académie des Sciences, Paris.

A collection of papers concerning the natural history of animals, a project undertaken by the Académie under the direction of Claude Perrault. "Cartons." Archives of the Académie des Sciences, Paris, 1666–1793.

Original versions of the projects for botany and anatomical observations. "Pochettes de séances." Archives of the Académie des Sciences, Paris, 1667.

Two medical theses by Claude Perrault. "Receuil de thèses de médecine." Fol. SA 940, vol. 2. Bibliothèque de l'Arsenal, Paris.

其他出版物与手稿资源

1653 With Beaurain and Charles Perrault. *Les murs de Troye ou l'origine du burlesque*. Paris: Bibliothèque de l'Arsenal, 1653.

1669 *Voyage à Bordeaux*. Paris: Renouard, 1909. This is an edition of *Relation du voyage fait en 1669 de Paris à Bordeaux par MM. De Saint-Laurent, Gomont, Abraham et Perrault*. F 24713. Paris: Bibliothèque Nationale, Département des Manuscrites, circa 1669.

1678 "Explicatio tabularum, quae figuram Templi exhibent." In *De cultu divino . . . ex Hebraeo Latinum fecit . . . Ludovicus de Compiègne de Veil*. Paris: n.p., 1678, followed by three plates showing the reconstruction of the Temple of Jerusalem in Maimonides.

1900 "Un poème inédit de Claude Perrault." Published by P. Bonnefon in *Revue d'histoire littéraire de la France*. VII, 1900.

1914   Manuscript preface of "Traité de la musique des anciens." In *La querelle des Anciens et des Modernes en France*. Paris: H. Gillot, 1914.

Other Manuscripts in the Bibliothéque Nationale:

"Mélanges Colbert," 167, f. 245 a-b. 27 January 1674. Letter to Colbert about the opera.

"Scavoir si la musique à plusieurs parties, a esté connüe et mise en usage par les anciens." F 25350. Preface for a treatise on the music of the Ancients. Published in volume II of the *Essais de physique* (see Scientific Works).

术　语

A

abacus　柱顶石

abuse　（柱式的）变体［如比例等的变化，作者佩罗（Claude Perrault）的特定术语］

acanthus leave　叶板

annulet　圆箍线

anta　壁端柱，壁角柱，门廊柱

araeostyle　对柱式

arch　拱券

architrave　额枋，框缘

astragal　半圆饰；半圆线脚；门扇盖缝条

B

baluster　（爱奥尼式柱的）涡旋

base　基座

Basilica　巴西利卡

bas-relief　浅浮雕

beam　梁

boss　浮雕（装饰）

C

capital　柱头

caulicole　茎梗饰，卷叶茎饰

cavetto　凹弧线脚

channel　凹槽

chapel　小礼拜堂

coffer　饰板

Colosseum　罗马斗兽场

column shaft　柱身

Composite　混合式

conchoid　蚌线

console　托座，支架

Corinthian　科林斯式

cornice　檐口

cornice of the pedestal 柱础上沿线脚

corona　檐顶，飞檐，檐凸出的顶部

cyma recta　正波纹线

cymatium　顶部线脚

D

dado　柱身

dentil　齿状装饰

drum　鼓形座

E

echinus　钟形圆饰

entablature　柱顶线盘

entrance hall　门厅

eustyle　2¼柱间柱式

eye of the volute　涡旋心

F

facade　正立面

fascia　封檐板

festoon　垂花饰

fillet　槽楞，木折

fleuron　百合花饰

fluting　凹纹

foliage　叶饰

frieze　檐壁，中楣

G

gable　山墙

groove　凹槽

guttae　圆锥饰

gutter　檐槽

H

height of entablature　檐部高度

helix　螺旋饰

L

lip　唇饰

listel　边饰

M

metope　陇间壁

minute　古典柱式尺寸的 1/30

modillion　飞檐口

module　母度

molding　装饰线条，（装饰用的）嵌线，
　　　　壁带

mutule　飞檐托块，檐底托板

O

ogees　形双曲线卷

orillion　线脚

ovolo　镘形饰

P

pedestal　基座

pediment　三角楣

peripteral　围柱式的

peristyle　绕柱式

pilasters　壁柱

plane　平面

platband　（立柱凹槽的）嵌条

plinth　柱基

pomegranate　海石榴花

portico　柱廊

projection　出挑（檐部译作出挑，柱础译
　　　　　作突出或平出）

projecting member　出挑部分

purlin　檩条

pycnostyle　列柱式（柱边间距为 1.5 柱
　　　　　径）

R

regula　三槽板下短条线脚

rosette　玫瑰饰

S

scotia　凹形边饰，凹弧线脚：在柱子底座
　　　　或接近底座部位的空的凹边装饰

soffit　柱楣底部，底面

stalk of the column　柱茎

stylobate　柱座

systyle　两径间排列柱式

T

table　花檐，飞檐

taenia　束带

thickness of column　柱子厚度，檐高

tori（torus）　圆盘线脚

triglyph　三槽板

trophy　战利品雕饰

Tuscan　托斯卡纳式

V

volute　涡状纹饰

索　引

注：粗斜体数字表示插图